花史左编

[明] 王路 纂修　李斌 校点

江苏凤凰文艺出版社
JIANGSU PHOENIX LITERATURE AND ART PUBLISHING, LTD

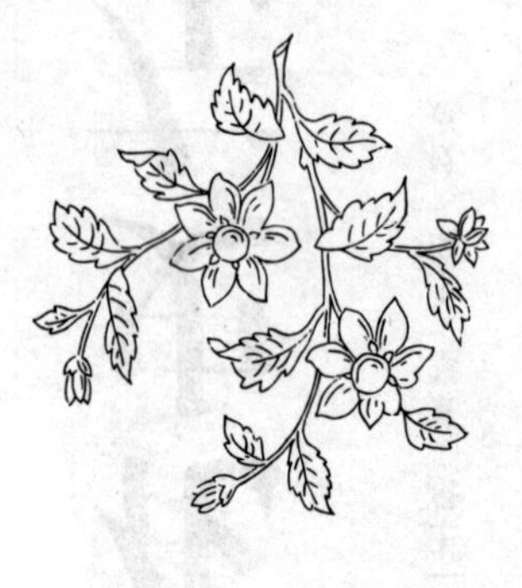

读《花史》题词

吾家田舍，在十字水中。数重花外，设土剉竹床，及三教书。除见道人外，皆无益也。独生负花癖，每当二分前后，日遣平头长须，移花种之。犯风露，废栉沐，客笑曰：『眉道人命带桃花。』余笑曰：『乃花带驿马星耳。』幽居无事，欲辑花史，传示子孙，而不意吾友王仲遵先之。其所撰《花史》二十四卷，皆古人韵事，当与农书、种树书并传。读此史者，老于花中，可以长世；披荆畚砾，灌溉培植，皆有法度，可以经世；谢卿相灌园，又可以避世，可以玩世也。但飞而食肉者，不略谙此味耳。

陈继儒题

有野趣而不知乐者，樵牧是也；有果窳而不及尝者，菜佣牙贩是也；有花木而不能享者，达人贵人是也。古之名贤，独渊明寄兴往往在桑麻松菊、田野篱落之间。东坡好种植，能手接花果，此得之性生，不可得而强也。强之，虽授以《花史》，将艴然掷而去之。若果性近而复好焉，请相与偃曝林间，谛看花开花落，便与千万年兴亡盛衰之辙何异？虽谓二十一史，尽在《左编》一史中，可也。

眉道人陈继儒又题

自识

丁巳年予《花史》成，冬十一月四日夜，梦迅雷从内庭起，轰烈满天，既觉而异之，曰：『此何征也？予将为实乎？予将为宾乎？事皆千万祀陈宿，人人耳而目之，非予之所创也。然则何所饰而何所惊耶？』客笑指曰：『为此穷年劳顿，殊不解。』予曰：『偶因一语，自受其累。昔人某爱某花，曰他年我若修花史，列作人间第一香。予怜万花无主，遂委身从之耳。然予非花忠臣，亦非花良史，乃花说客也。欲令万万世诵花于无穷。花神恶我游说，当必震其霆怒，率领万花叩阙奏知天帝，鸣鼓以攻，予且措躬无地。如其不然，当必以我为知已，故不觉欢声如雷耳。前者之梦，意在斯乎？意在斯乎？然未可为痴人说也。』阁笔不觉喷饭满案，因私自识焉。

万历四十六年花朝太原是岸生题

花史目次

第一卷 花之品

槜李 仲遵 王路 纂修

凡立言无所关切，虽充栋无益。是卷成于草草，然统纪悉寓，渐微必杜，敢曰花经，用惩孟浪。

卷一索引

二〇

附　兰花品　二十六条，见《燕闲清赏》

叙兰容质　陈梦良、吴兰、潘花、仙霞、赵十四、何兰

品外之奇　金稜边

白兰甲　济老、灶山、黄殿讲、李通判、叶大施、惠知客、马大同、郑少举、黄八兄、周染花、夕阳红、观堂主、名第、弱脚、鱼魫兰

品兰高下　一条。其天下爱养，坚性封植，灌溉得宜，三条具《花之宜》卷

二八

附　牡丹品　二十条，见《山居杂志》

全志序　愚叟丘璿著，騃生王路批

姚黄为王、魏红为妃、九嫔、世妇、御妻、花师傅、花彤史、花命妇、花嬖幸、花近属、花疏属、花戚里、花外屏、花宫闱、花丛脞、花君子、花小人、花亨泰入《花荣》卷、花屯难入《花兀》卷

◉花正品

⊛花王 拟照临万国

钱思公曰：『人常以牡丹为花中之王，今姚黄真其王，而魏紫在其次。』

⊛花后 拟母仪天下

真宗祀汾阴还，过洛阳，留燕淑景亭。牛氏献华魏华者，千叶肉红，华出于魏相仁溥家，始樵者于寿安山中见之，断以卖魏氏，池馆甚大。传者云，此华初出时，人有欲阅者，人十数钱，乃得登舟渡池至华所，魏氏日收十数缗。其后破亡，鬻其园宅。今普明寺后林池乃其地，僧耕之以植桑枣。华传民家甚多，人有数其华者云至七百叶，故人尝谓牡丹『华王』，今姚黄真为王，而魏乃后也。

⊛ **花相**　拟台衡元辅

花有至千叶者，俗呼为小牡丹。今群芳中牡丹品第一，芍药第二，故世谓牡丹为花王，芍药为花相，又或以华为王之副也。

⊛ **花魁**　拟新进英贤

王文正公尝赋梅花诗云：『雪中未论和美事，且向百花头上开』，大魁、相业已卜兆于此。林和靖诗：『疏影横斜水清浅，暗香浮动月黄昏』，写梅之风韵。高季迪诗：『雪满山中高士卧，月明林下美人来』，状梅之精神。杨廉夫诗：『万花敢向雪中出，一树独先天下春』，道梅之气节。

⊛ **花妖**　拟佥邪群小

白乐天诗：『辉辉复煌煌，花中无此芳。艳妖宜小院，修短称低廊。』盖指榴花也。

⊛ **花男**　拟男正位外

《草木记》：萱草，一名宜男。妇人怀妊，佩之，必生男也。

花妾 拟女正位内

乐天诗云：『君为友萝草，妾作菟丝花。百尺托远松，缠绵成一家。』

花客 拟延宾

张景修以十二花为十二客：牡丹赏客，梅清客，菊寿客，瑞香佳客，丁香素客，兰幽客，莲净客，桂仙客，荼蘼雅客，蔷薇野客，茉莉远客，芍药近客。

花友 拟下士

宋曾端伯以十花为十友：荼蘼韵友，茉莉雅友，瑞香殊友，荷花净友一作浮，岩桂仙友，海棠名友，菊花佳友，芍药艳友，梅花清友，栀子禅友。

花鹤 拟孤标

坡诗云：『谁怜儿女花，散火冰雪中』，『堂中调丹砂，染此鹤顶红』，盖指山茶也。

花鼠 拟暗昧

《好事集》：王侍中堂前有鼠从地出，其穴则生李树，花实俱好。此鼠精，李也。

❀花鸾 拟文明

双鸾菊花，草本，花开多甚，每朵头若尼姑帽然，折出此帽，内露双鸾并首，形似无二，外分二翼一尾，天巧之妙，肖生物至此。

❀豪杰 拟特达

富韩公居洛，其家圃中凌霄花无所因附而特起，岁久，遂成大树，高数寻，亭亭可爱。朱弁曰：『是花岂非草木中豪杰乎？所谓不待文王而犹兴者也。』

❀隐逸 拟恬退

菊，花之隐逸者也。

❀富贵 拟贪恋

牡丹，花之富贵者也。或云『多开富贵家』，语亦鄙，反为花屈辱矣。

❀风流 拟高雅

蜀汉张翊著《花经》，以瑞香为紫风流居。

夫妇 拟唱随

或以水仙、兰二花为夫妇花，水仙为妇，兰为夫，详《花妖卷》。

神仙 拟度世

唐相贾躭一作王禹偁著《花谱》，以海棠为花中神仙。

君子 拟正直忠厚

周濂溪《爱莲说》以莲为花中之君子，亭亭物表，出於泥而不滓。

美人 拟佳治窈窕

王介甫诗：『水边无数木芙蓉，露滴胭脂色未浓。正似美人初醉着，强抬青镜照妆慵。』

花状元 拟文华

《古辞》：桂花，红是状元，黄为榜眼，白为探花郎，谓之三种。

⊛花大夫 拟簪缨

或以兰为君子，蕙为大夫。

⊛王者香 拟芳名

孔子自卫反，曾见谷中兰独茂，叹曰：『兰为王者香，今与众草伍。』乃援琴而作《猗兰操》。

⊛晚节香 拟厚德

韩魏公在北门，九日燕诸僚佐，有诗云：『不羞老圃秋容淡，且看黄花晚节香。』识者知其晚节之高也。

⊛冰玉姿 拟出世

《桂林记》：袁丰之宅，复有梅花六株，开时曾为邻烟所烁，乃围泥塞罩，张幕蔽风。久而曰冰姿玉骨，世外佳人，但恨无倾城笑耳。即使妓秋蟾出比之，乃云可与并驱争先。然脂粉之徒，正当在后。

◉花小品

花主人曰：『今春杪，挟二三酒人听雨湖上，云林为屐，烟水轻舠，极一时之快。』客有以不及花时为惜者。予张具招名姝，先后得十有二人，谓客曰：『此解语花也，岂必桃李，然后成蹊哉？』客欣然为各品次以行酒，盖专以娱二三酒人云。武林帝咫山房品次

❁兰 王余清，琐哥

出于谷，迁于盉，秀可餐，清可沐。展如之人，落落穆穆。与同心者合饮一卮

❁芍药 陈雁臣，行二

映日烨然，临风嫣然，何以宜之，绮席繁弦。出席奉具富贵相者大杯

❁萱 郭步摇，行一

维彼秀色可餐、可忆，宜曰『忘忧』，以邻不惑。有戚容者饮

蜀葵　汪于沚，行大

浓艳亭亭，郁郁青青，伊何人兮，之子之姪兮。六骰与菖蒲对掷，收五多者胜

水仙　张似郎，行六

风翩翩，月娟娟，一茎当筵，众芳失鲜。吾折之以问天，天名之曰水仙。有冷趣者饮

菖蒲　陈夜光，行六

不摧折而藏，不敷荣而芳，其根香，其叶长。六骰连根数饮，主人击节

菊　马弱兰，行七

荧明蒨粲，菴蔼猗那，华堂对酒，高会当歌，众妙以罗。任席中衣白者送饮

秋葵　张文如，观哥

有时还俯首，无日不倾心。饮相向者

山丹　陈金南，行七

孰如尔花之珍？孰如尔叶之蓁？孰如尔茎茿之皆可亲？主禁喧哗行动，犯者任意罚

芙蓉 朱华玉，行大

搴之兮木末，采之兮江汀，绚烂兮朝霞之色，汲荡兮秋水之清。饮美人瞩目者

夜合 吕莲因，行二

带笑朝云，舍羞暮雨，空谷之英，为问其主。值此先发于坐中觅花主人，失一人一杯

石竹 张小雅，行二

风徐徐，日于于，与木石居。免饮

附 兰花品

叙兰容质

陈梦良

色紫，每干十二萼，花头极大，为众花之冠。至若朝晖微照，晓露暗湿，则灼然腾秀，亭然露奇，

敛肤傍干，团圆四向，婉媚娇绰，伫立凝思，如不胜情。花三片，尾如带彻青，叶三尺，颇觉弱，黯然而绿。背虽似剑脊，至尾棱，则软薄斜撒，粒许带缁。最为难种，故人希得其真。

⊛吴兰

色深紫，有十五萼，干紫荚红，得所养则岐而生，至有二十萼。花头差大，色映人目，如翔鸾翥凤，千态万状。叶则高大刚毅劲节，苍然可爱。

⊛潘花

色深紫，有十五萼。干紫，圆匝齐整，疏密得宜，疏不露干，密不簇枝，绰约作态，窈窕逞恣，真所谓艳中之艳，花中之花也。视之愈久，愈见精神，使人不能舍去。花中近心所，色如吴紫，艳丽过于众花，叶则差小于吴，峭直雄健，众莫能及，其色特深。

⊛仙霞

乃潘氏西山于仙霞岭得之，故更以为名。

❀赵十四

色紫，有十五萼。初萌甚红，开时若晚霞灿日，色更晶明。叶深红者，合于沙上，则劲直肥耸，超出群品。亦云赵师傅，盖其名也。

❀何兰

紫色中红，有十四萼。花头倒压，亦不甚绿。

○品外之奇

❀金稜边

色深紫，有十二萼。出于长泰陈家，色如吴花，片则差小，干亦如之，叶亦劲健。所可贵者，叶自尖处分二边，各一线许，直下至叶中处，色映日如金线。其家宝之，犹未广也。

○白兰甲

⊛济老

色白，有十二萼。标致不凡，如淡妆西子，素裳缟衣，不染一尘。叶似施花，更能高一二寸。得所养，则岐而生，亦号一线红。

⊛灶山

有十五萼。色碧玉，花枝开，体肤松美，颙顺昂昂，雅特闲丽，真兰中之魁品也。每生并蒂花，干最碧。叶绿而瘦薄，开生子蒂，如苦荬菜叶相似，俗呼为绿衣郎。

⊛黄殿讲

号为碧玉干西施，花色微黄，有十五萼。合并干而生，计二十五萼。或进于根，美则美矣，每根有萎叶朵朵不起。细叶最绿，肥厚。花头似开不开，干虽高而实瘦，叶虽劲而实柔，亦花中之上品也。

⊛李通判

色白，十五萼。峭特雅淡，追风浥露，如泣如诉。人爱之，或类郑花，则减一头地位。

⊛叶大施

花剑脊最长，真花中之上品，惜乎不甚劲直。

⊛惠知客

色白，有十五萼。赋质清癯，团簇齐整。或向背娇柔瘦润，花英淡紫，片尾凝黄。叶虽绿茂，细而观之，但亦柔弱。

⊛马大同

色碧而绿，有十二萼。花头微大，间有向上者，中多红晕。叶则高耸，苍然肥厚。花干劲直，及其叶之半，亦名五晕丝。上品之下。

⊛郑少举

色白，有十四萼。莹然孤洁，极为可爱。叶则修长而瘦散乱，所谓蓬头少举也。亦有数种，只是花有多少，叶有软硬之别。白花中能生者，无出于此。其花之资质可爱，为百花之翘楚者。

⊛黄八兄

色白，有十二萼。善于抽干，颇似郑花。惜乎干弱，不能支持。叶绿而直。

⊛周染花

色白，十二萼。与郑花无异，但干短弱耳。

⊛夕阳红

花八萼。花片凝尖，色则凝红，如夕阳返照。

⊛观堂主

花白，有七萼。花聚如簇，叶不甚高，可供妇女时妆。

⊛ 名第

色白，有五六萼。花似郑，叶最柔软。如新长叶，则旧叶随换，人多不种。

⊛ 弱脚

只是独头兰，色绿。花大如鹰爪，一干一花，高二三寸。叶瘦，长二三尺。入腊方花，薰馥可爱，而香有余。

⊛ 鱼魫兰

十二萼。花片澄澈，宛如鱼魫，采而沉之水中，无影可指。叶颇劲绿，此白兰之奇品也。

◎ 品兰高下

余尝谓：『天下凡几山川，而支派源委于人迹所不至之地。其间山坳石潭，斜谷幽窦，又不知其几何，多迈古之修竹，矗之危木，云烟覆护，溪涧盘旋，万萝蔽道。阳晖不烛，泠然泉声，磊乎万状。堤圮之异，则所产之多，人贱之篾如也。倏然轻采于樵牧之手，而见骇然。识者从而得之，则必携持登高冈，淡长途，欣然不惮其劳。中心之所好者，不能以集凝而置之也。其地近城百里，浅小去处，亦有数品可取，何必求诸深山穷谷？』每论及此，往往启识者。虽有不踶之诮，毋乃地迩而气殊，叶萎而花蠹，或不能得培植之三昧者耶？是故花有深紫，有浅紫，有深红，有浅红，与夫黄白绿碧鱼魫金稜边等品，是必各因其地气之所种而然，意亦随其本质而产之耶？抑其皇穹储精，景星庆云，随光遇物而流形者也？噫！万物之殊，亦天地造化施生之功，岂予可得而轻议哉！切尝私合品第而数之，以谓花有多寡，叶有强弱，此固其因所赋而然也。苟惟人力不到，则多者从而寡之，弱者又从而弱之，使夫人何以知兰之高下，其不误人者几希。呜呼！兰不能自异而人异之耳。故必执一定之见物品藻之，则有淡然之性在。况人均一心，心均一见，眼力所至，非可诬也。故紫花以陈梦良为甲，吴、潘为上品；中品则赵十四、何兰、大张青、蒲统领、陈八斜、淳监粮；下品则许景初、石门红、小张青、萧仲和、何首座、林仲、孔庄观成。外则金稜边，为紫花奇品之冠也。白花则济老、灶山、施花、李通判、惠知客、马大同为上品；所谓郑少举、黄八兄、周染为次；下品夕阳红、云娇、朱花、观堂主、青蒲、名第、弱脚、玉小娘者也。赵花又为品外之奇。

◉附 牡丹品

⊛牡丹志

花卉蕃膴于天地间，莫踰牡丹。其貌正心荏，茎节蒂叶，耸抑检旷，有刚克柔克态。远而视之，疑美丈夫女子，俨衣冠当其前也。苟非钟纯淑清粹气，何以杰全德于三月内。迂愚叟，顾造化，意以荣辱志其事。欲姚之黄为王，魏之红为妃，无所泰冒，何哉？位既尊矣，必授之以九嫔。九嫔佐矣，必隶之以世妇。世妇广矣，必定之以保傅。保傅任矣，则彤管位矣，则命妇立。命妇立，则嬖幸愿。嬖幸愿，则近属睦。近属睦，则疏族亲。疏族亲，则外屏严。外屏严，则宫闱壮。宫闱壮，则丛脞革。丛脞革，则君子小人之分达。君子小人之分达，则亨泰屯难之兆继，继之者莫大乎善也，成之者莫大乎性。禀乎中，根本茂矣；善归己，色香厚矣。如是则施之以天道，顺之以地利，节之以人欲。其栽其接，无竭无灭。其生其成，不缩不盈。非独为洛阳一时欢赏之盛，将以天下嗜好之劝也。愚叟丘璿著

❀姚黄为王

虽先具卷中，此系全志，不敢妄芟

名姚花。以其名者，非可以中色斥万乘之尊，故以王以妃，示上下等夷也。

❀魏红为妃

天子立后以正内治，故《关雎》为风化之治。妃嫔、世妇所以辅佐淑德，符家人之封焉。然后《鹊巢》、《采苹》、《采蘩》，列夫人职，以助诸侯之政。今以魏花为妃，配乎王爵，视崇高富贵一之于内外也。

⊛九嫔

牛黄、细叶寿安、九蕊真珠、鹤翎红、鞓红、潜溪绯、朱砂红、添色红、莲叶九蕊。

⊛世妇

粗叶寿安、甘香黄、一捻红、倒晕檀心、甘州红、一百五、鹿胎、鞍子红、多叶红、献来红。今得其十，别来异种补之

⊛御妻

玉版白、多叶紫、叶底紫、左紫、添色紫、红莲萼、延州红、骆驼红、紫莲萼、苏州花、常州花、润州花、金陵花、钱塘花、越州花、青州花、和州花。自苏台、会稽至历阳郡，好事者众，栽植尤伙，八十一之数，必可备矣

⊛花师傅

萱荚、指佞草、莆莲、燕胎芝、萤火芝、五色灵芝、九茎芝、碧莲、瑶花、碧桃。

⊛花形史

同颖禾、两歧麦、三脊茅、朝日莲、连理木、檐卜花、长乐花。

⊛花命妇

上品芍药、黄楼子等、粉口、柳浦、醉美人、茆山冠子、红缬子、白缬子、黄丝头、蝉花、红丝头、重叶海棠出蜀中、千叶瑞莲。

⊛花嬖幸

中品芍药、长命女花出蜀中、素馨、茉莉、豆蔻、虞美人出蜀中、丁香、含笑、易真、鸳鸯草出蜀中、女真、七宝花、不蝉花出蜀中、玉蝉花出蜀中。

⊛花近属

琼花、红兰、桂花、娑罗花、棣棠、迎春、黄拒霜、黄鸡冠、忘忧草、金铃菊、酴醾、山茶、千叶石榴、玉蝴蝶、黄荼蘼出蜀中、玉屑。

花疏属

丽春、七宝花出蜀中、石瓜花出蜀中、石岩、千叶菊、紫菊、添色拒霜出蜀中、羞天花、金钱、金凤、山丹、吉贝、木莲花、石竹、单叶菊、滴滴金、红鸡冠、黄蜀葵、千叶郁李。

花戚里

旌节、玉盘金盏、鹅毛玉凤出蜀中、瑞圣、瑞香、御米、都胜、玉簪。

花外屏

金沙、红蔷薇、黄蔷薇、玫瑰、密有、刺红、红薇、紫薇、朱槿、白槿、海木瓜、锦带、杜鹃、栀子、紫荆、史君子、凌霄、木兰、百合。

花宫闱

诸类桃、诸类李、诸类梨、诸类杏、红梅、早梅、樱桃、山樱、蒲桃、木瓜、桐花、栗花、枣花、木锦、红蕉。

花从脞

红蓼、牵牛、鼓子、芫花、蔓陀罗、金灯、射干、水蕻、地锦、地钉、黄踯躅、野蔷薇、荠菜花、夜合、芦花、杨花、金雀儿、菜花。

花君子

温风、细雨、清露、暖日、微云、沃壤、永昼、油幕、朱门、甘泉、醇酒、珍馔、新乐、名倡。

花小人

狂风、猛雨、赤日、苦寒、蜜蜂、蝴蝶、蝼蚁、蚯蚓、白昼青蝇、黄昏蝙蝠、飞尘、妒芽、蠹、麝香、桑螵蛸。

花亨泰　入《花之荣》卷

花屯难　入《花之兀》卷

第二卷

花之寄

檇李　仲遵　王路　纂修

通计一百余目

京、省、司、府、州、县、夷、山、海、园、岭、湖、堂、亭、楼、台、池、墩、坞、川、苑、殿、阁、坛、舍、洞、镇、冈、关、驿、渡、洲、泾、圃、墅、天、溪、宫、沼、榭、业、源、馆、港、溪、潭、村、所、处、谷、水、涧、堤、津、曲、院、舫、斋、城、泽、宅、渚、峰、梁、桥、观、寺、刹、塔、峡、巷、轩、居、屋、江、庵、庐、径、路、窝、陂、坡、寨、田、栏、槛、阶、庭、浦、塘、国、架、里、墟、街、圻、石、岩、林、岛、屿、庄

⊛竹林堂

梁元帝竹林堂中多种蔷薇，并以长格校其上，使花叶相连。其下有十间花屋，仰而望之，则枝叶交映；迫而察之，则芬芳袭人。

⊛野春亭

武陵儒生苗彤事园池以接宾客，有野春亭者，杂植山花，五色错列。

⊛梅花屋

王冕隐九里山，树梅花千株，桃柳居其半，结茅庐三间，自题为梅花屋。

⊛大舫

孙德琏镇郢州，合十余船为大舫，于中立亭池，植荷菱。良辰美景，宾僚并集，泛长江而置酒，一时称为胜赏。

⊛保安僧舍

山谷居保安僧舍，开西牖以养蕙，东牖以养兰。

⊛四香阁

杨国忠为四香阁，每于春时木芍药盛开之际，聚宾于阁上，赏玩此花。

⊛玉照堂

宋张功甫得曹氏废圃，种梅三百余本。筑堂数间，前为轩楹。花时居宿其中，环洁辉映，夜如对月。因名曰玉照堂，作《梅品》。

⊛红梅亭

南唐苑中有红梅亭，四面专植红梅。

⊛舍前

嵇康尝种夜合于舍前，曰『合欢蠲忿，萱草忘忧。』

⊛长啸堂

范蜀公居许下，造大堂，以『长啸』名之。前有酴醾架，高广可容数十客。每春季花繁盛时，燕客其下，约曰：有飞花堕酒中者，嚼一大白。或笑语喧哗之际，微风过之，则满座无遗者。当时号为『飞英会』。

梅花庄

宋赵必连，字仲涟，崇安人。刻苦读书，开庆间，以父荫当补官，辞不就。晚植梅数百株，名其居曰梅花庄，与弟若槸日吟咏其中。

前数则散辑，不暇诠次

北京

西苑

京师苑囿第一，在皇城内。

南海子

京城南放牧禽兽、种植蔬果之所。其水汪洋，一望着海。

◎顺天府

⊛南山

霸州乔松修竹，周十数里，内有亭台，为一郡之胜。

⊛孔水洞

大房山东北下有石窟，阔二丈许，深不可测。尝有人秉火浮舟探之，隐隐闻作乐，惧而返。金泰和中，忽见桃花流出。

⊛西湖

玉泉山下，湖环十余里，荷蒲菱芡与沙禽水鸟，隐映云霞中，真佳境也。

⊛黄花镇 昌平地

◎保定府

❀清苑 汉樊舆，隋清苑

❀紫荆岭 易州，岭上有关路，通山西大同

❀百花屿 府城西北

❀莲花池

府治南，元守师张柔凿，旧有亭榭，为冶游之所。

❀紫荆关

易州，城高池深，历代守御之所。

❀临漪亭

府城内，临鸡水上。志称渔泳鸟翔，颇得潇湘之胜。

◎河涧府

⊛**桂岩** 任丘岩，多丛桂

◎真定府

⊛**紫微山** 冀州

⊛**莲花池** 陉州

⊛**槐水驿** 栢乡

⊛**百花楼** 冀州，宋时建

◎顺德府

❁**百花山** 府城西南

◎广平府

❁**紫荆山** 广平

◎大名府

❁**百花坞** 府城内，宋王振辰留守日置

⊛ **晚香亭**　府城西旧府治，韩琦留守时，重九日，燕诸监司于后圃，诗有『且看黄花晚节香』之句，遂以名亭。

◎ 永平府

⊛ **桃林关**　卢龙

⊛ **芦峰驿**　卢龙

⊛ **五花城**　抚宁山海卫，唐太宗征辽时筑

◎延庆府

❀香川桥　州城东，宋建

❀香水园　州治东，元仁宗产此

◎保安府

❀上花园　州城西，相传辽萧后种花之所

南京

应天府

献花岩　祖堂法融禅定于此，百鸟献花

含章殿

台城内，刘宋孝武建，即寿阳公主人日梅花点额处。

芳乐苑

台城内，齐东昏侯日与潘妃游此。大设店肆，使宫人与阉竖其相贸贩，以妃为市令，将斗者就妃罚之。帝有小失，妃即杖。

华林园

台城内，孲简文帝曰：『会心处不必远，翳然林木，便有濠、濮间趣，鱼鸟自来亲人。』

⊛临春阁

台城内，陈后主建，张丽华居此。

⊛乐游苑

覆舟山南，刘宋时禊饮赋诗于此。

⊛升元阁

府治西，梁朝故物。高二百四十尺，今名瓦棺寺。西晋时，地产青莲两朵，闻之所司，掘得瓦棺，开，见一老僧，花从舌根顶颅出。询及父老，曰：『昔有僧诵法华经万余卷，临卒遗言曰：『以瓦棺葬之此地。』

⊛雨花台

长干里，南梁武帝时，云光法师讲经于此，感天雨花。

◎凤阳府

芙蓉冈 天长

西湖 颍州，欧阳修、苏轼觞咏于此

◎苏州府

虎丘山

府城西北，一名海涌峰，上有剑池、千人石、生公说法台，吴王阖闾葬此。世传秦始皇将发吴冢，有白虎踞其上，故名。晋司徒王珣，及弟司空王珉之别墅。

灵岩山

府城西南，吴王馆娃宫故地。上有西施洞、浣花池、采香径及琴台诸胜。下瞰太湖，望洞庭两山，滴翠浮碧，在白银世界中。

华山

府城西，老子《枕中记》云：『此地可度难，山半有池，曰天池，产千叶莲，昔人尝服之羽化。』

洞庭山

府城西，太湖中，一名包山，《道书》第九洞天。苏子美记：『有峰七十二，惟洞庭称雄。其间民俗淳朴，以橘柚为常产。每秋高霜余，丹苞朱实，与长松茂竹，相映岩壑，望之若图画。』

百花洲 胥盘二门之间

乐圃

府城内，清嘉坊之北，朱长文故居。高冈清池，乔松古桧，即钱氏时广陵王元璙金谷园也。

石湖别墅

石湖上，范成大因越来溪故城建此。中有千岩观、天镜阁、玉雪坡、说虎轩、盟鸥亭、北山堂诸胜。

松江府

佘山

府城北，旧有佘姓者修道于此，产茶。近日陈眉公结庐于此，亭林花木最盛。

云间洞天

府治东南，宋参政钱良臣别业。奇花异卉，古松怪石，俨然洞天也。今呼『钱家巷』。

折桂阁

华亭尉厅，旧有折桂阁。宋李夔以右文殿修撰谪华，生子纲于此，为中兴贤相，因呼『相公阁』。

常州府

张公洞

宜兴，三面皆飞崖峭壁，惟北有一径可入，石上多唐人题咏，即张道陵修炼处。

⊛**芙蓉湖** 府城东

⊛**罨画溪**

宜兴，夹岸花竹，照映水中，故名。一名五云溪。

⊛**曲水亭**

慧山前，其水九曲，中有方池，一名『浣沼』。梁建，宋邑令苏舜钦流觞于此。

⊛**东坡别业** 宜兴滆湖上

◎镇江府

⊛**藏春城**

府城内，南唐节度使林仁肇故宅。

⊛**芙蓉楼** 府城上西北隅，与万岁楼相对

研山园

府治东南，米芾以《研山》从薛绍彭易此地，为别业。

九曲池 府城西北，上有木兰亭，炀帝建

隋苑 府治西北，一名『上林』

琼花台

府城东，蕃厘观内。花自唐人植，天下独一株。元时朽，以八仙花补之。

平山堂

府治西北，欧阳文忠建。上据蜀冈，下临江，壮丽为淮南第一。夏月公每携客堂中，遣人走邵伯，折荷花百朵插四座，命妓以花传客行酒，往往载月而归。堂左右竹树参天，坐者忘暑。

芙蓉阁 泰州治

◎淮安府

桃源 唐镇，宋淮滨，元桃园

晏花楼 府治，南唐建

◎庐州府

紫芝山 无为州，宋时产芝三百余本

明远台

府城东北，回环皆水。中有一洲，鲍明远读书处。

◎安庆府

⊛潜峰阁 府治，王安石判郡时读书处

⊛西溪馆

潜山，唐刺史吕渭建，带山夹沼，为一邑之胜。

◎太平府

⊛荻港驿 繁昌

⊛绛雪亭 府治圃中，旧名『杏花村』

◎宁国府

⊛梅溪

旌德

⊛桃花潭

泾县，即李白赠诗汪伦处

◎池州府

⊛杏山

铜陵，昔传葛仙翁尝留此种杏。下有溪，落英飞堰上，名『花堰』。

⊛杏花村

府城秀山门外。杜牧诗『牧童遥指杏花村』，即此。

⊛桃源

建德，山源深邃，人迹罕至。五季末，衣冠士族多避兵于此。

⊛菊所

东流县治，后陶彭泽种菊于此，故县名『菊邑』。

◎徽州府

⊛樵贵谷

黟县。昔樵者入山，行数里，至一穴，豁然清旷。中有十余家，云是秦人避地于此。或谓之『小桃源』。李白诗『地多灵草木，人尚古衣冠』，指此。

⊛岁寒亭

歙县治，宋建，旧名『松风亭』。

◎广德州

⊛竹山 州城南，叠嶂层峦，有松竹泉石之胜。绝顶二亭，曰『巢云』，曰『流玉』。

◎和州

⊛梅山 含山上，多梅树。曹操行军至此，军士皆渴，因指山上梅林，渴遂止。

⊛桃花坞 州治西，张籍读书处

滁州

龙蟠山

州城南，山有虎跑泉、飞花洞、偃月洞。洞侧皆峭壁，名人题咏，多刻其上。

醉翁亭 酿泉之上

山西

太原府

柳溪

府城西，太守陈尧佐筑堤植柳数万，有亭有阁，率郡僚上巳泛舟于此。

◎平阳府

⊛湖园

闻喜，李文叔云：『园圃之胜，不能兼者六：务宏大者，鲜幽远；人力胜者，少苍古；多泉水者，难眺望。惟裴铚公湖园兼之矣。』

◎大同府

⊛恒山

浑源，即北岳也，《水经》谓之玄岳山。多奇花灵草，映带左右，斧斤不敢入。上有飞石窟，两崖壁立，豁然中虚。

◎潞安府

⊛**五龙山** 府城东南，松桧蓊郁，尝有五色云见

⊛**桃花山** 黎城

◎汾州府

⊛**白彪山**

府城西北，昔有驺虞见此。上多林泉洞壑之胜。

⊛**临汾宫** 府治东，隋炀帝建此避暑

山东

济南府

百花桥 大明湖百花洲上

芙蓉桥 大明湖上

桃源驿 平原

蒲台 隋蒲台，汉隰沃地

苑城 长山，相传为齐桓公苑

黉山 章丘，一名黉堂岭。接淄川邹平界，郑玄注书于此。上有古井，生草似薤，人谓之郑公书带草。

长春岭 莱芜，林木郁茂，四时如春

◎兖州府

⊛**杏山**　宁阳，上多杏

⊛**凤山**　东平，林木蓊蔽，灿若云锦

⊛**桃花涧**　沂州

◎东昌府

⊛**三槐堂**　莘县，即王佑所居，苏轼记

⊛**陈台**

濮州，曹子建封鄄城侯于此，筑台着书。后改封陈王。

◎莱州府

⊛芙蓉池　昌邑，旧有台

◉辽东

⊛桃花岛　宁远卫，滨海，每岁运舟泊此

◉河南

◎开封府

⊛灵源山　荣阳，产灵芝、石髓，往往闻长啸声

柳湖 一在陈州，一在新郑

玉津园 府城南，宋都人游赏地

西园

陈州，张咏守郡时建。中有阁曰『冷风』，堂曰『清思』，亭曰『流杯』，香阴环翠，台曰『望湖』。

梅花堂 许州治北，苏轼建

曲水园

许州，有修竹二十余亩，濮水贯其中，文彦博为守置。

◎归德府

隋堤

永城炀帝慕扬州琼花之胜，自汴浚河通舟，夹堤种柳。

梁园 府城东，一名『梁苑』，或曰即『菟园』，梁孝王筑。

◎河南府

嵩山 登封，即中岳。汉有道士从外国将贝多子来种之西麓，成四树，一年三花，白色，香异常。

桃林驿 灵实

潘岳宅 府城南。岳奉母卜居洛水，名曰『西宅』。有园池花竹之胜。

上林苑 府城外，详司马相如赋

华林园 府城东北，魏明帝建

⊛金谷园

府城西，石崇别业。崇尝晏客名赋诗，或不成者，罚酒三斗。内有清凉台，即绿珠坠楼处。

⊛独乐园 府城南，司马光自记

⊛绿野堂 府城东，集贤里，裴度别业

⊛西苑 洛阳，隋元帝筑，周三百里

⊛富郑公园

洛阳。郑公自谢政归，杜门避客，燕息此中，几二十年。亭榭花木，皆出其目营心匠，故闿爽深蜜，为诸名园之冠。

◎南阳府

⊛杏花山 镇平，名杏

百花洲

邓州，范仲淹所营。仲淹尝共张士逊饮此，作《渔家傲》词五章。

菊潭 内乡岸旁，产甘菊，饮此水多寿

甘菊里

内乡，《风俗通》云：山涧有大菊，涧水从山流下，得其花，味甚甘美。

杏山 光山，即抱朴子种杏处

◎汝州

香远亭 州治后圃

娑婆园 郏县，朱崔鶡居此

陕西

西安府

花萼楼

府治西。玄宗与宁、薛诸王友爱，常登此楼，共榻而饮。

沉香亭

府治东南，兴庆宫内。玄宗召李白赋诗于此。

曲江亭　曲江池上，唐晏进士于此

韦曲　樊州，韦安石别业

杜曲

韦曲之东，杜岐公别墅。当时语云：『城南韦杜，去天尺五。』岐公孙牧尝曰：『吾得老为樊州翁，有文章数百，号《樊川集》，顾草木禽鱼，亦无恨矣。』

⊛三田村

临潼。田真兄弟分而复合，荆花再生，即此。

⊛梨园

骊山绣岭下，唐梨园弟子按曲处。

⊛逍遥别业

骊山鹦鹉谷，韦嗣立建。中宗尝幸此，封为逍遥公。上赋诗勒石，令从臣应制，张说序云：『丘壑夔龙，衣冠巢许。』

⊛辋川别业

蓝田，宋之问建，后为王维庄。辋水通竹洲花坞，日与裴秀才迪浮舟赋诗，斋中惟茶铛、酒白、经案、绳床尔。

⊛上林苑

渭南，始皇建。苑内名果奇树，凡三百余种。

◎ 汉中府

⊛ **紫荆山** 洵阳，洞壑幽深，一尘不到

⊛ **露香亭** 洋县，旧郡圃

◎ 平凉府

⊛ **避暑阁**

府城北，柳湖上，宋守蔡挺建。柳荫平堤，湖光可挹。

⊛ **莲花城** 庄浪

⊛ **桃花山** 会宁，土石赤似桃花

⊛ **麦积山** 秦州，状如麦积。志称秦地林泉之冠

◎庆阳府

⊛一川风月亭

宁州治后圃，宋建。莲池柳巷，花屿兰皋，一郡胜地也。

◎延安府

⊛樱桃山 鄜州，上多樱桃树

⊛桃花洞 府谷，产朱砂。四季洞门若桃花色

⊛飞盖园 府城南，庞籍冶游处

⊛百花坞

府谷，石晋后折氏子孙创此，为一方之胜。

浙江

杭州府

孤山

西湖上。赵子固尝放棹山隈，以酒晞发，箕踞歌离骚，指林麓最幽处，瞪目叫绝曰：『此是洪谷子、董北苑得意笔也。』邻舟数十，皆惊叹以为异人。

西山 临安，许迈尝采芝于此

千顷山

昌化，上有龙潭，广数百亩。产金银鱼。祷雨多应，山侧娑萝一株，每初夏花开，香闻十里。相传为许由故居。

万松岭 府城南

西湖

周三十里。汉时金牛见湖中，人言明圣之瑞。苏轼守郡上，言西湖有不可废者五，乃筑长堤。自绍兴建都君相竞嬉游于此。金主亮闻而羡焉，卒起投鞭渡江之志。论者以为尤物，破国比之西子，亦稍过矣。

六桥 西湖上

玉津园 府城南，龙山侧。宋孝宗尝临此讲射礼

放鹤亭

孤山，林逋隐此，蓄二鹤，每泛舟湖中，客至，童子纵鹤飞报，即归。后人题句云『种梅花处伴林逋』。

九里松

虎林山，灵隐寺外。唐刺史袁仁敬守杭时植。

◎嘉兴府

⊛槜李城

府城西南，地产佳李，因名。《越绝书》作『就李』，又云吴王曾醉西施于此，号『醉李』。

⊛陈山

平湖，上有龙湫。山花烂熳，不可枚举。迩来冯墓植紫荆数本，妖艳特异。近寺茅檐草舍，皆绕植桃柳。春游士女辐辏，杯盘狼籍，无不手捻花枝，醉呼潦倒者。寺后有台，万松拥护。予《花史左右编》实成于此。时见万翠飞来，元名『万松台』，予补作《万松台记》。

⊛烟雨楼

南湖中，五代时建。楼前玉兰花莹洁倩丽，与翠栢相掩映，挺出楼外，是亦奇观。

◎湖州府

苕溪 治西，出自天目

箬溪 长兴，有上箬、下箬。取下箬水酿酒，极醇

顾渚 长兴，旁有二山，号明月峡。唐置贡茶院

白苹洲 震溪东南

松雪斋 府城内，赵孟頫别业

菰城 府城南，春申君黄歇所建

烟霞坞 武康，刘颖士别业，谷口梅花十余里

子昂别业 德清城内

严州府

橘山

府城南，其山险峻不易登。上有罗浮橘一株，熟时风飘堕地，得者讹传仙橘云。

万松山 寿昌，环翠如画

梅花峰 淳安，望之若梅花五出

梅岭

寿昌，接龙游界。宋都临安时，此岭为要道。

金华府

香山

兰溪，产玉兰。下有杏溪，即兰溪支流也。

兰阴山 兰溪，多兰蕙

菊妃山 武义山，多兰菊，旁有妃水溪

紫薇岩

金华，洞之西岩有石室。刘峻弃官，舍其下。

绣川湖 义乌，花木掩映如绣

◎衢州府

西山

江山县，峰峦秀拔，林木蓊郁。邑人多选胜结亭其上，山半有梅花泉。

蟠桃山 开化县，桃花时，望之霞灿

◎处州府

⊛万松山　缙云，林峦深秀

⊛仙都山

缙云。《道书》谓：玄都洞天，上有鼎湖，产异莲。湖之东为步虚山，奇峰千仞；西为忘归洞，即李阳冰隐居也。

⊛小蓬莱山

缙云。上多怪石奇树，有峭壁，高可数仞。涧水湛然，游者泛舟而入，迥出尘外。

⊛凤凰山

龙泉山之阳，有白云岩、桃花洞。五代时，鹤衣道人日醉山下，为里妇所辱，噀纸成鹤，跨之去。

莲花峰 遂昌

烟雨楼 府治，宋范成大修

◎绍兴府

兰渚山 府城西南，勾践种兰于此

苎罗山 诸暨，下有浣纱江。西施、郑旦居此。

东山 上虞，谢安隐此。旧有石壁精舍，即灵运读书处也。

蔷薇洞 东山之半，谢安常携妓游此

湘湖 萧山，产莼丝最美

若耶溪 府城南，西施采莲于此

兰渚

府城南。有亭，王右军建。上巳日与谢安、孙绰、许询辈四十一人，会此修禊事。

◎宁波府

武陵山

府城东，旧传刘、阮采药于此。春月，桃花万树，俨若桃源。

芦山

慈溪。峰岚苍翠，在鹤洲凫渚之上

桃花山

定海。旧《志》：『安期生以醉墨洒石上，遂成桃花。』

三萼山

象山海中，其上有三峰，又名三仙岛。至春百花盛开，绮丽夺目。

◎台州府

天台山

天台。《道书》谓：上应台星，高一万八千丈，周八百里，从昙华亭右麓视石梁，若在天半，广不盈尺，深数十丈，下临绝涧。惟攀萝梯岩，乃可登。上有琼楼玉阙，碧林醴泉，瑶草神奇，莫可名状。旧称『金庭洞天』。

华顶峰

天台山第八重最高处。绝顶可望海，草木熏郁，盖非人世。石罅有木瓜，花时一蛇盘其上，至实落，供大士乃去，号为护圣瓜。

桃花洞 天台山，即刘、阮采药处

三瑞堂

洪公弼为宁海主簿时建。适荷花、桃实、竹干，有连理之瑞，而生子适，故名。

◎温州府

⊛**梅溪**　平阳

⊛**众乐园**

府城内，池环里许。亭榭花竹周布。宋时，每岁二月，开园设酤，纵游人，尽春而罢。

◎抚州府

⊛**瀛洲亭**

府治，金柅园西。其景为一郡之冠。

◎瑞州府

流花亭 上高，蜀江上

瑞芝亭 新昌。宋令邵叶下车三月，灵芝五色，生于燕坐之所。

米山 府城北，四面流泉，地力膏沃。生禾香茂，其米精美。

◎袁州府

浮香楼 府治

宜春台 府治后

⊛ **红阴亭** 府治倅厅，宋建

◎赣州府

⊛ **香山**

信丰，上有九十九峰，产异药。

⊛ **大龙山**

信丰。层峦叠嶂，遇夜或红光烛天。产异花，如白莲状。

⊛ **盘古山**

会昌。四面皆石壁。池广一亩，产瑞莲。

⊛ **桃江**

信丰，源出龙南桃山，有滩十五。

◎南安府

⊛大庾岭

府城南，即五岭之一。汉武帝击南粤杨仆，遣部将庾胜屯兵于此，因名『大庾』。其初险峻，行者苦之。自张九龄开凿，始可车马。其上多植梅，又名『梅岭』。

⊛绿阴亭

府治内，宋郡守李夷庚建。亭之侧有池，池左右竹树阴森，亦胜境也。

⊛梅花园

庾岭下，旧有驿。宋郡守赵孟适书扁壁间，一女子题云：『幼妾从父任英州司马，及归，闻大庾有梅岭，而乃无梅，遂植三十株于道旁。』《荆州记》：『陆凯与范晔善，尝自岭折梅花一枝寄长安，赠范。』

江西

南昌府

⊛清水岩

宁州，内有石室，北多兰茝。黄鲁直云：『清水岩，为天下胜处。』岩前巨室，可坐千人。

⊛百花洲

府城东，宋张澄建亭其上，扁曰『讲武』，以习水军。

饶州府

⊛芝山

府城北。尝产瑞芝，绝顶可望匡庐五老。

❀梅岩

余干，藏山上。赵汝愚尝读书于此，理宗为题『梅岩』二字。

❀桃花洞

万年，深十五里，两山并峙，林木蓊郁，土田肥饶。

❀蜀锦亭

府治内，庆朔堂之右。范仲淹植海棠二株于此，邹柯筑亭。

❀秋香亭

府治内，魏兼作亭，栽菊于此。

◎广信府

❀灵山

府城西北，上有七十二峰，郡之镇山也。《道书》第三十三福地，多珍木奇卉，产水晶。

鬼谷洞

鬼谷山，入必以烛。周四里，可容数千人。旁一洞，洞口狭小。昔有人迤逦而入，见林木室庐，俨然如村落。

南康府

五柳馆 府城西，栗里，即渊明故宅

杏林 府城西，董奉种杏成林，即此

三石梁

庐山上，长数丈，广不盈尺，杳然无底。晋吴猛蹑石梁而度，见金阙玉房，一老人坐琪树下，杯盛甘露，授猛。

白鹤观

府城西北。宋为承天观。《记》云：『庐山峰峦之奇秀，严壑之怪邃，林泉之茂美，为江南第一。而此观复为庐山第一。』苏子瞻云：『司空表圣自论其诗得味外味。「棋声花院闭，幡影石幢高」，此句最善。吾尝过白鹤院，松阴满地，惟闻棋声，然后知表圣非浪语也。』

寿樟

建昌。邑人李公懋入朝，高宗问樟公安否，奏以『枝叶扶疏，岁寒独秀。』黄庭坚有记。

寿松

建昌，泠水观。盘屈奇古，又名『挂剑松』，相传许逊事。

◎九江府

百花亭

府城东，梁刺史王编建

太乙宫

德化，宋名『祥符观』，即董奉『杏林』也

◎建昌府

⊛章山

府城东北，乔松修篁，森列交荫

⊛麻姑山

府城西，上有瀑布、龙岩、丹霞洞、碧莲池，皆奇境也。周四百余里，中多平田，可耕。《道书》三十六洞天之一。昔麻姑修炼于此。

熙春园

府城北，宋郡僚游宴之所

◎武昌府

⊛武昌山

武昌。晋时宣城人秦精尝入山采茗，遇一毛人，长丈余，引精至山曲，示以丛茗。临别复探怀中橘，遗精。精怖，负茗而归。

芙蓉山 蒲圻，峰峦秀丽如花

钟台山 咸宁，上有桃花洞。李邕读书处，石室尚存

西塞山

大冶。孙策击黄祖于此。张志和《渔父辞》：『西塞山前白鹭飞，桃花流水鳜鱼肥。』

苹花溪

咸宁。相传洪崖先生炼丹之地。尝有老姥采苹于此，问之，曰：『吾鲍姑也。』忽不见。

芦洲

武昌。子胥逃江上，求渡。渔父歌曰：『与子期兮，芦之漪。』

散花洲

大冶。周瑜破曹操兵，酾酒散花，劳军于此。

仙枣亭

府治南。旧传亭前枣树未尝实，一岁忽有实，如瓜太。守命小吏采而进，小吏私啖之，

遂仙去。又传太守与卒弈，有一异人吹笛来，忽不见。随笛声至楼上，惟见石镜题诗，末书『吕』字而去，故今名『吕仙亭』。

⊛沧浪亭

兴国，放生池上。莲花弥望，夹堤皆垂柳，群山环列，有浮屠突兀在云烟紫翠间。《记》称『江山之胜，颇似西湖。』

◎汉阳府

⊛桃花洞 府城北，上有桃花夫人祠

⊛石榴花塔

府城西北。昔有妇，事姑至孝，一日杀鸡为馔，姑食而死。姑女诉之官，不能辨。临刑，折石榴花一枝，祝曰：『妾若毒姑，花即死；若坐诬枉，花可复生。』已而花果复生，时人哀之，立塔表其事。

◎襄阳府

◈木香村

宜城。唐段成式别业。

◎德安城

◈桃花岩

白兆山，即李白读书处

◎黄州府

◈五祖山

黄梅。一名冯茂山，即五祖大蒲禅师道场。山顶有池，生白莲，又名『莲峰』。

⊛ **春风岭** 麻城，岭多梅花

⊛ **梅川** 广济

⊛ **兰溪** 蕲州，其侧多兰

⊛ **雪堂**
府治东。郡守马正卿为苏轼营地数十亩，是日东坡筑室其上，以雪中落成，故名。去黄之日，付潘大临兄弟。

◎ 荆州府

⊛ **绛雪堂**
夷陵。堂下红梨盛开。欧阳修造饮，有『绛雪尊前舞』句。

◎岳州府

⊛天岳山 平江。一名幕阜山，周五百里。石崖壁立，有篆文云：『夏禹治水尝至此。』产药百余种，多怪草异木，《道书》第二十五洞天。

⊛兰江 澧州，又名『佩浦』，地多兰蕙

⊛岳阳楼 府城西门，滕子京建楼，范希文记，苏子美书，邵竦篆，称『四绝』。

⊛细腰宫 华容，楚灵王贮美人于此

⊛八桂堂 澧州，胡寅记

◎长沙府

⊛**五凤山** 醴陵，山形类五凤，上有天花台

⊛**芙蓉山** 安化。奇峰叠秀，状若芙蓉。中有芙蓉洞。

⊛**桃花江** 益阳

⊛**橘洲** 善化，产橘

◎常德府

⊛**绿萝山** 桃源，《道书》第四十二福地

⊛**桃源山** 旁有秦人洞、桃花溪，即渔人问津处

⊛橘洲

龙阳。长二十里，即李衡种橘处。《史记》：『江陵千株橘，其人与千户侯等』，谓此。

⊛采菱城

桃源，楚平王筑，湖中产菱，味甘美。

⊛蟠桃巷

桃源。宋祥符间，邑人开地，见玉龛光动，得大果九枚，识者谓之蟠桃。

◎辰州府

⊛桃花山

溆浦。一名华盖山。昔人尝种桃千树，至今呼『桃花圃』。

◎永州府

⊛青涧

王韶之《神境记》：『九凝山半，其路皆青松翠竹。下夹青涧，涧中多黄色莲花。夏秋时，香气盈谷。』

⊛芙蓉馆

府城东湖上，唐刺史李衢建。范纯仁尝游此，旁有『思范堂』，张栻书额。

◎承天府

⊛花山

府城东。旧传灵济祖师过此，百草皆花。

⊛鸿轩

景陵。张耒谪居日建。其侧植蔷薇，临别题诗云：『他年若问鸿轩人，堂下蔷薇应解语。』

◎郧阳府

⊛天心山

府城西北，一名锡义山。方圆百里，形如城，山高谷深，多异草，相传列仙所居。

⊛熙春楼 房县治后圃

◎靖州

⊛青萝山 州城南，烟萝苍翠如画

⊛ **芙蓉江** 通道

◎ 郴州

⊛ **香山** 州城南，有香木、香泉，泉味甘且洌

⊛ **桂水** 州城西南

⊛ **万王城**

桂东，万王未详。世传王曾寓此，阶砌尚存。旁有修竹数竿，日夕自仆，扫其地而复立。内多桃李，实时采食之，味甚甘。但不可取去，或摘而私藏，必迷归路。

四川

成都府

华萼山

内江。唐范崇觊兄弟读书于此。明皇时献《华萼赋》，诏称天下第一。

太华山

彰明。《群仙录》载：『黄奉先移家入此山，上有牡丹，开时，望之如锦幛。』

西湖 崇庆，回环亭馆，乃一州之胜

房湖

汉州。唐刺史房琯凿洲岛，凡数百亩。高适、杜甫皆尝觞咏于此。

浣花溪

府城西南，一名百花潭。任夫人微时，见一僧坠污渠，为濯其衲，百花满潭，因名曰『浣花』。唐伎薛涛家其旁，以潭水造十色笺。

芙蓉溪 罗江

兰溪 仁寿，唐末张鸿隐此

小桃源

简州。天水一碧，放目无际。春月桃花甚繁。

海棠楼 府治西，唐李回建，乃僚佐燕游之所

瀛洲亭

资县后圃。鲜于巽记：『千岩万壑，顾接不暇。』

东阁 崇庆，即杜甫招裴迪登东亭观梅处

海棠溪

府治南，春月海棠最盛。

紫薇亭

府城南。南岩上尧叟兄弟读书处，御笔题额。

顺庆府

海棠川

西克，环绕县治，多海棠

叙州府

石门山

府符，石门江上。产兰，凡数种，又名『兰山』。

芙蓉山　珙县

海棠洞　长宁。里人王氏环植海棠，开时，郡守拉僚佐晏共下。

小桃源　长宁。旧传耕者得一铜牌，曰『小桃源』，其上有诗：『绰约去朝真，仙源万木春。要知窥桃客，定是会稽人。』

重庆府

巴岳山　铜梁，上有昆仑洞，时产异花

海棠溪 巴县，渝人冶游之地

桃花溪 长寿，上有桃花洞

香草楼

江津。旧有仙池，一异人居其侧，建楼，多植香草。

香霏亭

大足。昔有调昌守者，求易便地。彭渊才闻而止之，曰：『昌，佳郡也。』守问故，曰：『海棠患无香，独昌地产者香，故号海棠香国，非佳郡乎？』

东坡

忠州治。白居易种花于此。又有西坡，亦居易故迹。

◎夔州府

⊛西山

万县。上有绝尘龛。宋郡守马元颖、鲁有开于山麓修池，种莲，栽荔枝杂果，凡数百本。景物清胜，为夔第一。

⊛岑公岩

万县，大江之南。石岩盘结若华盖，左右方池，有泉喷薄岩下如帘。松篁藤萝，蓊蔚苍翠，《记》称神仙窟也。

⊛桃花洞 太平

⊛万顷池

达州，相传春申君故居也。其旁平田可百顷，多花果园林之胜。

◎潼川州

⊛**桃花水** 射洪

⊛**方池** 安岳，陈希夷植莲于此

◎眉州

⊛**芙蓉溪** 青神，夹岸多芙蓉

⊛**环湖**

州治西，旧有沼。魏了翁修浚之西为洞，又西为『传馆』。馆之东为『松菊亭』，又东北为『雪桥』，桥东为『起文堂』。

◎嘉定府

⊛**芙蓉城**　即州城也，宋时植芙蓉，甚盛

⊛**小桃源**　州城南，小桥流水，花竹夹岸

⊛**海棠山**　州治西，山多海棠，为郡僚晏赏之地

⊛**鹤州**

夹江。虞允文子方简卜居。洲旁多花竹之胜。

◎雅州

⊛**瓦屋山**　产娑罗花

⊛**寒芳楼**　州治，黄庭坚题

福建

福州府

黄蘗山

古田。其山多桃树，下有桃坞、桃湖、桃洲。春月不减武陵。

钟南山

闽清。上有岩曰『盘谷』，下有桥曰『渡仙』。产奇花异果。尝有二人入山，适一叟后至，袖中出芋数枚，相啖，忽不见，但见木叶盈尺，题诗其上，曰：『偶与云水会，不与云水通。云散水流后，杳然天地空。』

芙蓉洞

府城东北。洞口萦纡，可十余里，游人秉炬以入。

榴花洞

府城外，东山。唐樵者蓝超逐一鹿，入石门，内有鸡犬人烟。见一翁，谓曰：『此避秦地也，留卿可乎？』超曰：『归别妻子，乃来。』与榴花一枝而出。后再访之，则迷矣。

桃溪

黄蘖山下，有春风微和，夭桃夹岸。一胜境也。

梅溪 闽清

蟠桃坞 福清，自香城北沿岭西入，有此坞

泉州府

梅花山 南安，上多梅树

文圃山 同安，上有花圃，唐文士谢修读书处

建宁府

云谷

建阳，庐峰之颠。内宽外密，自成一区。朱熹构草堂于此，即晦庵也。有桃蹊、竹坞、漆园、药圃、茶坂、泉瀑、洞壑之胜。

梅亭

崇安。赵抃作令时，手植梅于后圃，因名。

延平府

百花岩

府治东北，石壁峭立，春时，百花如锦。

◎汀州府

⊛梁山

武平。峰势险峻，顶有白莲池。昔士人采茗，尝扪萝而入，见佛像、经幢，俨然具在。后往，则迷失故路矣。

◎兴化府

⊛陈岩山

府城北，一名『莲花峰』。上有琉璃院、桃花坞、燕子洞、仙篆石，皆胜境也。

⊛谷城山

府城东南，与壶公山对峙。旧有梅隐、松隐、竹隐三精舍。今惟松隐存焉。宋林光朝尝讲道于此。

灵云岩

壶公山之阳。上有桃花洞，蘸月池，泉石奇胜。

荻芦溪 府城东南

木兰陂

府城南，木兰山下。其水自泉之德化、永春及仙游三邑，下合涧谷，以溉田。

邵平府

七台

府城东南，跨汀、延、邵三郡境。上有七台可登览。山半百花洞，乃太师蜕化处也。

莲花峰 府城北，峰峦叠秀，状似青莲

瑞榴亭

邵武，县学。宋时有石榴一株，士人观其结实之数，以卜登第多寡，屡验。

福宁州

莲花峰　宁德，万朵青翠插天，一邑之胜概也

桃花洲　宁德，旁有鹤林宫，唐初建

广东

广州府

桂阳山　速州，汉桂阳县，以山名

菖蒲涧

府城北。涧中产菖蒲，一寸九节。安期生饵之，仙去。

⊛**莲花寨** 增城

⊛**花田**

府城西。平田弥望，皆种素馨花。伪刘时，美人葬此，至今花香甚于他处。

◎韶州府

⊛**涵晖谷**

英德，鸣弦峰下。谷有晞阳岛、飞霞岭、凌烟嶂、梦弼岩、桃花洞，皆胜境也。元结有谷铭，刻石上。

⊛**桂水** 府城西北

⊛**桃溪** 英德，上多植桃

◎南雄府

⊛**桂山**　绍兴，岩谷深邃，从桂清香袭人

⊛**梅花村**　罗浮，飞云峰侧。赵师雄遇淡妆素服美人，即此。

◎潮州府

⊛**桑浦山**　揭阳，突起海滨，上多奇花异鸟

⊛**百花山**　惠来。四时产奇花，有同株而红紫异色者。

⊛南田石洞 程乡。幽远深邃，人迹罕至。奇花异果，多不知名。采于山者，间遇之，甘美可食。怀归，则往往迷道。

⊛东湖 府治东，韩山后。夏月，荷花、柳荫为一郡之胜。

⊛百花洲 程乡

⊛熙春园 湖山北，宋州守谢寻建

◎肇庆府

⊛郎官山 阳江。上有龙潭，深不可测。产桃、梅诸果甚盛。

◎ **雷州府**

❀ **香山** 德庆，山有五色石，石上多香草

❀ **浣花亭** 封川，郭外西园，宋守沈清臣建

❀ **鹿洲** 府城东南海中。夏月藕花盛开，香闻十里。

◎ **黎州安抚司**

❀ **清水池** 儋州，四季荷花不绝，腊月尤胜

广西

桂林府

桂山 府治东北，三峰鼎峙，旧名「越王山」，多桂

碧莲峰 阳朔，唐有沈彬诗刻石

揭帝塘 府治北。桂非泽国，惟此与西湖可泛。独秀峰、伏波岩，对峙其侧。荷花盛开时，香闻数里。

八桂堂 府治东北，宋守范成大建

◎柳州府

⊛**圣塘山**

象州。高峻不易登。昔有瑶人攀藤而上，见一池，清碧可爱，游鱼落花，宛似仙境。

⊛**扶疏堂** 象州，郡人谢氏建。竹树幽深，多题句

⊛**翠中楼** 宾州

◎平乐府

⊛**仙岩** 富州，洞口多桃花，旁有碧潭，游鱼可掬

⊛**梅花园** 府城东，邹浩记

◎梧州府

⊛南山

藤县。顶平如砥，上有胜地，曰『杏坛』，曰『松崖』，曰『竹坞』。

◎南宁府

⊛五花洲

府城东。宋有聂安抚者，筑亭其上，扁曰『繁阴』。

◉云南

◎云南府

❀玉案山

滇池西北。佛刹居多，以筇竹为胜。禅房花木幽绝。寺僧皆持戒清苦，其得道者，终身未尝下山，游客罕至。

❀灵芝山 富民，一名赤晟山，产芝，五色奇秀

❀滇池

府城南，一名『昆明池』。周五百余里，产千叶莲。史记：『滇水源广末狭，有似倒流，故曰「滇」。』

曲靖军民府

木容山 霑益，峰峦林木，苍翠如画

临漪楼 府城北，下瞰莲沼，水天一碧

永昌军民府

青华海 府城东，夏秋藕花盛开

贵州

都匀府

梅花洞 合江司，白石齿齿，远望若梅花

外夷

朝鲜国

杨花渡 汉江滨，本国饷道

女真

松花江

源出长白山，经金故南京城，合混同江，东流入海。

◎安南

⊛艾山

上有仙艾，每春仲开花，雨后落水面，群鱼吐之，化为龙者十九。

◉附录

◎占城国

⊛蔷薇水 洒衣，经岁香不歇

⊛吉贝树 其花如鹅毳，抽其绪纺之，可作布

◎爪哇国

❁蔷薇露

◎真腊国

❁金颜香 香乃树脂，雪白者佳

❁婆田罗树 花叶实似枣

❁歌毕佗树 花似林禽，叶似榆而大，实似李

◎三佛齐国

❁蔷薇水

土人多取其花浸水，以代露，故多伪者。以琉璃瓶试之，翻摇数回，其泡周上下者为真。

第三卷

花之名

檇李 仲遵 王路 纂修

⊛牡丹花

【黄类二种】

御衣黄、淡鹅黄

【大红类十八种】

大红舞青霓、石榴红、金花状元红、锦袍红、曹县状元红、朱砂红、九蕊珍珠红、映日红、大红西瓜穰、醉胭脂、大红锦绣球、羊血红、大红碎剪绒、金丝红、大红七宝冠、石家红、小叶大红、王家大红

【桃红类二十九种】

桃红舞青霓、寿安红、桃红西番头、寿春红、大叶桃红、莲蕊红、桃红西瓜穰、美人红、皱叶桃红、西子、梅红平头、轻罗红、桃红凤头、陈州红、娇红楼台、殿春芳、花红绣球、海天霞、出茎红桃、四面镜、海云红、醉桃仙、醉娇红、桃红线、翠红妆、浅娇红、紫玉、娇红、魏红

【粉红类二十一种】

回回粉西施、素鸾娇、倒晕檀心、醉杨妃、玉兔天香、粉西施、观音面、玉楼春、粉霞红、粉娇娥、醉春容、醉玉楼、合欢花、水红球、三学士、赤玉盘、玉芙蓉、西天香、醉西施、肉西施、鹤翎红

【紫类十七种】

舞青霓、腰金紫、平头紫、丁香紫、淡藕丝、徐家紫、紫姑仙、烟笼紫、即黑紫、叶底紫、紫重楼、瑞香紫、紫绣球、茄花紫、紫云芳、驼褐球、紫罗袍

【白类十九种】

舞青猊、羊脂玉、无暇玉、玉重楼、绿边白、白剪绒、万卷书、庆天香、水晶球、玉天仙、莲香白、青心白、玉绣球、迟来白、凤尾白、玉盘盂、金丝白、伏家白、平头白、

【青类三种】

佛头青、绿蝴蝶、鸭蛋青

⊛芍药花

【宋刘攽《扬州芍药谱》三十一种】

冠群芳、赛群芳、宝妆成、尽天工、晓妆新、点妆红、叠香英、积娇红已上皆上品、醉西施、道妆成、菊香琼、素妆残、试梅妆、浅妆匀、醉娇红、凝香英、石娇红、缕金囊、怨春红、妒鹅黄、蘸金香、试浓妆已上皆中品、宿妆殷、取次妆、聚香丝、簇红丝、效殷妆、会三英、合欢芳、拟绣鞯、银含棱已上皆下品

【孔武仲《扬州芍药谱》三十九种】

御衣黄、青苗黄、二色黄、楼子尹黄、楼子绛、州子苗、峡石黄、楼子圆黄、鲍家黄、石壕黄、杨家黄、袁黄冠子、龟地红、黄楼子、黄丝头、寿州青苗、道士黄、白缬子、金系腰、金线楼子、沔池红、红缬子、玉逍遥、青苗旋心、红楼子、绯子红、胡家缬、杨花冠子、二色红、髻子红、蓬头绯、茅山冠子、湖缬子、柳浦冠子、软条冠子、当州冠子、多叶鞍子、多叶绍熙、茅山紫楼子

【《广陵志》芍药三十二种】

御爱黄、御衣黄、玉盘盂、玉逍遥、红都胜、紫都胜、黄都胜、观音红、包金紫、黄楼子、白楼子、尹家黄、黄寿春、出群芳、莲花红、瑞莲红、霓裳红、柳浦红、芳山红、延州红、缀蕊红、玉板缬、玉冠子、红冠子、紫鲙盘、小紫球、镇淮南、倚栏娇、粉绿子、红旋心、单绯、玉楼子

⊛**兰花**

建兰、典兰、杭兰、风兰、箬兰、金兰

⊛**菊花**

御袍黄、合蝉菊、粉雀舌、黄蔷薇、大师红、赛杨妃、蜜雀舌、荔枝红、绿芙蓉、太真红、紫苏桃、胜绯桃、赤金盘、太真黄、黄叠罗、胜琼花、琼芍药、状元红、白叠罗、琥珀盘、金芍药、状元黄、一捧雪、黄鹤翎、蜜芍药、玉宝相、青心白、白鹤翎、紫牡丹、金宝相、莺羽黄、玛瑙盘、白牡丹、鹤顶红、金络索、一捻红、黄牡丹、紫金莲、玉玲珑、金凤

仙、红牡丹、佛座莲、紫霞觞、玉蝴蝶、病西施、胜金莲、瑞香紫、锦云红、黄西施、金佛莲、蘸金盘、白粉团、赛西施、西番莲、相袍红、紫粉团、醉西施、太液莲、僧衣褐、粉鹤翎、白西施、锦芙蓉、火炼金、银锁口、金锁口、剪霞绡、黄茉莉、白茉莉、醉杨妃、金芙蓉、玉芙蓉、殿秋芳、绵丝桃、红万卷、邓州黄、桃花菊、紫绒球、粉万卷、福州紫、芙蓉菊、檀香球、锦牡丹、宾州红、石榴红、白绒球、紫褒姒、黄都胜、海棠春、黄绣球、锦褒姒、顺胜紫、紫罗袍、剪金球、白褒姒、锦丁香、观音面、象牙球、红剪绒、金纽丝、玉堂仙、木红球、紫剪绒、吕公袍、头陀白、锦绣球、黄剪绒、麝香黄、玉莲环、水晶球、白剪绒、波斯菊、倚阑娇、晚黄球、缕金妆、试梅妆、金带围、十采球、蘸金白、粉蜡瓣、四面镜、纷绣球、洒金红、白蜡瓣、玉带围、大金球、劈破玉、黄罗伞、五月白、小金球、海云红、紫罗伞、七月菊、银钮丝、锦雀舌、红罗伞、六月菊、缠枝菊、白佛顶、九炼金、二色杨妃、红荔枝、紫金锭、红傅粉、蜡瓣西施、金荔枝、红粉团、双飞燕、出炉金银、银荔枝、紫粉团、黄粉团、五九菊、锦心绣口、锦荔枝、紫万卷、大小金锭、墨菊、甘菊、蓝菊、紫袍金带、金章紫绶、金盏银台、垂丝粉红、凤友鸾交、楼子佛头、五月翠菊、无心对有心

⊛梅花

红梅、白梅、绿萼、照水、玉蝶、单瓣红梅、墨梅练树接成

⊛附　腊梅

罄口、狗英

⊛桃花

粉红、粉白、深粉红、单瓣大红、单瓣白桃、绯桃、瑞仙桃、绛桃、金桃、银桃、碧桃、美人桃又名人面桃、鸳鸯桃、寿星桃一名矮桃、李桃一名柰桃，一名光桃、十月桃一名古冬桃，又一名雪桃

⊛杏花

梅杏、沙杏

⊛石榴

海榴、富阳榴、饼子榴、翻花榴、白榴、千瓣白、千瓣粉红、千瓣黄、千瓣大红

❀火石榴

大红石榴、粉红石榴、白石榴

❀莲花

红莲、白莲、四面莲、品字莲、台莲、黄莲、青莲、并头莲、

❀玉兰花

❀海棠花

垂丝、贴梗、木瓜、西府

❀秋海棠花

❀茉莉花

朱茉莉、千叶、单叶

❀粉团花

麻叶、白粉团即绣球花

❀木香花

白花紫心、青心白木香、黄木香

❀蔷薇花

朱千蔷薇、荷花蔷薇、刺蘼堆、五色蔷薇、黄蔷薇、淡黄、鹅黄、白蔷薇

❀野蔷薇

雪白、粉红

❀宝相花

大红、粉红

❀十姊妹花

❀七姊妹花

❀金沙罗花

❀月月红花 又名月季，又名长春，又名胜春，又名斗雪

深红、浅红

❀金钵盂花

❀间间红花

❀真珠兰花

❀锦带花

❀芭蕉花

美人蕉、芭蕉

❀夜合花

百合、夜合

❀杜鹃花

川鹃、四明、杜鹃

❀罂粟花

大红、桃红、纯紫红、纯白、虞美人、满园春、剪绒、剪裘

桂花

金黄、白黄、四季、结子

附桂子

芙蓉花

大红千瓣、白千瓣、半白半桃千瓣、醉芙蓉、朝白、午桃红、晚红

鸡冠花 俗名波罗奢花

扫帚、扇面、二乔、缨络、寿星一种五色

剪春罗 又名碎剪罗

剪秋罗 又云汉宫秋

凤仙花 宋时谓之金凤花

红凤仙、白凤仙、紫凤仙、洒金或红或紫、五色簇于一枝

水仙花

单瓣本色，又名金盏银台、玉玲珑千瓣

⊛瑞香花

紫瑞香、白瑞香、粉红瑞香

⊛山茶花

磬白、粉红又名西施、玛瑙山茶、宝珠、蕉萼白宝珠

⊛迎春花

⊛蝴蝶花

黄蝴蝶、白蝴蝶、紫蝴蝶

⊛山矾花

⊛笑靥花

⊛金茎花

⊛玫瑰花

⊛紫荆花

⊛鹿葱花

⊛映山红花

⊛史君子花

⊛吉祥草花

⊛夹竹桃花

⊛栀子花

⊛蒿苣花

⊛金雀花

⊛羊踯躅

⊛梨花　有香臭二种

⊛郁李花

⊛丽春花

⊛棣棠花

⊛辛夷花 即木笔

⊛紫丁香

⊛荼蘼花

⊛缫丝花

⊛结香花

⊛枳壳花

⊛海桐花

⊛橙花

⊛金钱花

⊛凌霄花

⊛朱兰花

⊛**紫薇花**

紫色、白薇色近微红、大红

⊛**佛桑花**

大红花、粉红花、黄花、白花

⊛**玉簪花**

⊛**指甲花**

⊛**慈菰花**

⊛**鼓子花**

⊛**紫花**

⊛**夏菊花**

⊛**丈菊花**

⊛**石竹花**

红豆花

蜀葵 又名戎葵

红、紫、白、墨紫、深、浅、桃红、茄紫、千瓣、五心、重台、剪绒、细瓣、锯口、圆瓣、五瓣、重瓣

钱葵花

萱花 又名宜男草

山丹花

水红花

西番菊

西番莲

双鸾菊花

飞来凤

⊛海石榴

⊛金银莲花

⊛缠枝牡丹

⊛水木樨花

⊛秋牡丹花

⊛金凤花

⊛槿花

⊛秋葵花

⊛白菱花

⊛茗花

⊛茶梅花

⊛金丝桃

⊛松花

⊛枸杞子花甘州佳

⊛蒲花

⊛蓼花

⊛十样锦花

⊛杨花

⊛菜花

◉附 愚斋诸菊品目

九华菊名见陶渊明集，今以此品居首者，尊古也、佛顶菊亦名黄佛顶、大佛顶、小佛顶、楼子佛顶、夏月佛顶、御爱黄、御袍黄深色，浅色、御衣黄、胜金黄大金黄，小金黄、侧金盏、金丝菊、金钱菊大金钱，小金钱，千叶小金钱，单叶小金钱，赛金钱、金铃菊亦名塔子菊，大金铃，小金铃，夏金铃，秋金铃、金万铃夏万铃，秋万铃、金墪菊、金盏银台亦名水仙菊、金盏金台、金杯玉盘、金井银栏、金井玉栏、滴滴金夏菊也、满堂金、销金菊、销金北紫、销银黄菊、玉盘盂、玉铃菊、玉瓯菊、玉盆菊、银盘菊、轮盘菊、银台菊、银盆菊、珠子菊、水晶菊、玉球菊、绣球菊、球子黄、锦菊、绣菊、叠金黄亦名明州黄、叠罗黄、白叠罗、垂丝菊黄色、垂丝粉红、铺茸菊、蹙线菊、荔枝菊白荔枝、银杏菊、橙黄菊、柑子菊、枇杷菊、密友菊、酴醾菊黄色，白色、木香菊黄色，白色、丁香菊、桃花菊、牡丹菊、素馨菊黄色，白色、棣棠菊、茉莉菊、蔷薇菊、莲花菊附荷菊、芙蓉菊、鸡冠菊、腊梅菊、松菊、柿叶菊、柳条菊、楂子菊、茱萸菊、艾菊、龙脑菊、新罗菊黄色，白色、邓州黄、邓州白、明州黄、泰州黄、淮南菊、襄阳红、大笑菊大笑亦一花名、笑靥菊黄色，白色、喜容菊黄色，白色、添色喜容喜容千叶、都胜菊、缠枝菊黄色，白色、徘徊菊、甘菊、野菊黄色，白色、藤菊亦名一丈黄、寒菊黄色，白色、春菊、五月菊、九日菊、十月白、十样菊、黄二色、红二色、楼子菊、鞍子菊、脑子菊、麝香黄白麝香、燕脂菊、粉团菊、凌风菊、朝天菊、月下白、杨妃菊粉红色、杨妃裙黄色、太真黄、孩儿菊黄色，白色，粉红色、波斯菊、鸳鸯菊、鹭鸶菊、鹅儿菊、鹅毛菊、蜂儿菊、蜂铃菊、碧蝉菊、合蝉菊、五色菊、紫菊、顺圣浅紫、石菊其色有三，故附于此、丹菊九月开、红菊五月开，附乾红菊、碧菊、青心菊、单心菊、黄簇菊、铁脚黄铃菊、黑叶儿菊、钹儿菊、钗头菊

右一百三十一名，间于其下又有附注者三十二，是总计一百六十三名也。然世谓此花有七十二品，若以此数求其一州之所有，则不足；若求于四方，则远出此数之外。盖菊之为态、栽植年深，苟得其宜，则其间形色或有变易者，故种类滋多，命名非一，殆不可以数计也。况遐方异俗，所呼不同。或一品至于有三四名者。以是考之，则知此品目犹未免有重复也。览者当知之。

一种而五名

藤菊、一丈黄、枝亭菊、棚菊、朝天菊、

一种而四名

九华菊两层者、一笑菊单层者、枇杷菊、栗叶菊

第四卷

花之辨

檇李　仲遵　王路　纂修

如一花数名，一名数色，诸凡异瓣、异实、异味、异产、培灌异法，种种不一，不妨剖晰其微。

卷四索引

⊛梅花

赵彦林注：『江边曰江梅；在岭曰岭梅；在野曰野梅；官中所种曰官梅；插胆瓶曰瓶梅。』

【又】

『先发曰早梅，饱风霜老水涯曰枯梅，色红者为红梅。红白之外有五种，如绿萼，蒂纯绿而花香，亦不多得。有照水梅，花开朵朵向下。有千瓣白梅，名玉蝶。有单瓣红梅，有练树接成墨梅，皆奇品也。』

⊛海棠

李赞皇集花木以海为名者，悉从海上来，海棠是也。沈立《海棠记》：『江浙间又有一种，柔枝长蒂，颜色浅红，垂英向下，谓之垂丝海棠。』

【又】

《谱》云：『有垂丝，有贴梗。贴梗者，花如胭脂，缀枝作花；垂丝，前已详。又有生子如木瓜可食者，曰木瓜。又有梗枝略坚，单叶粉红者，曰西府贴梗，与木瓜相似。木瓜叶粗，花先开；贴梗叶细，花后开，其种有七。

山茶

如罄口，外有粉红者。有鹤顶，茶如碗大，红如羊血，中心塞满如鹤顶，求自云南，名曰滇茶。有黄、红、白、粉四色为心，而大红为盘，名曰玛瑙山茶，产自浙之温州。有千叶而攒簇，曰宝珠。有似宝珠而蕊白色蕉者，蕉萼白宝珠，九月发花，其香清可爱。若杭之所为宝珠者，花心丛簇甚少，且有白丝吐出，不佳。

【又】

《南方草木记》：山茶花有数种，有宝珠茶、石榴茶、海榴茶、中有碎花踯躅茶、茉莉茶、宫粉茶、宁珠茶，皆粉红色。一捻红，照殿红，叶各有不同。

石榴

其本名安石榴，亦名海榴。一种富阳榴，结实大者如碗。饼子榴，则花大而不结实。山东有番花榴，其花尤大于饼子榴。又有一种身不过二尺，栽盆中，结子亦榴。树压大石，亦多生。取嫩条插肥阴地，无不活者。沉子肥土中，次年亦可开花。大抵榴性喜肥，浓粪浇之无忌。二月初取嫩枝如指大者，斩长尺许，以指脚刮去一二寸皮，深插于背阴处，若以白榴枝插于红石榴枝上，其花粉红，然粉红亦自有种。燕中有千瓣白、千瓣粉红、千瓣黄、千瓣大红。有四色单瓣者，比他处不同，中心花瓣如起楼台，谓之重台石榴，花头颇大，而色更深红。

火石榴

上盆小株花多，大红、粉红、白三色。外有细叶一种，亦佳。

桃花

平常者有粉红、粉白、深粉红三色。其外有单瓣大红，千叶桃红之变也；单叶白桃，千叶白桃之变也。有绯桃，俗名苏州桃，花如剪绒者，比诸桃开迟，而色可爱。有瑞仙桃，色深红，花最密。有绛桃，千瓣。有二色桃，色粉红，花开稍迟，千瓣，极佳。有金桃，形长，色黄如金，肉粘核，多蛀，熟迟。银桃，形圆，色清白，肉不粘核，六月中熟。一种千叶，花色淡，结实少。美人桃，花粉红，千叶，又名人面桃，不实。鸳鸯桃，千叶，深红，开最后，结实必双。寿星桃，一名矮桃，高一二尺，实如金桃而圆，秋熟。李桃，花深红，形圆，色青，肉不粘核，其实光泽如李，一名李桃，一名光桃。十月桃，花红，形圆，色青，肉粘核，味甘酸，十月中熟，一名古冬桃，又一名雪桃。

⊛李花

李之品多，有外青内白者，有黄者，红者。嘉庆者，外青内红。建宁者，甚甘，今之李干，皆从此来。李性耐久，又喜开爽，连阴则子细而味不佳。腊月中取根上发起小条，移种别地，待长，又栽成行。栽宜稀，不宜肥地。

⊛杏花

花先赤后白，此果多花多实。本有梅杏、沙杏之分。根生最浅，以大石压根，则花盛、子牢。杏仁极熟，带肉埋其核于粪中，至春即换地移栽。杏以核出者接枝，来年即生。今陕西出入丹杏，杏肉多查，不可食，惟取其仁。

⊛莲花

红白之外，有四面莲，千瓣，四花。两花者多并蒂，总在一蕊发出。三蕊者名品字莲。有一种台莲，开花谢后，莲房中复吐花英，最奇种也。有黄莲，复有青莲。以莲子磨去顶上些少，浸靛缸中。明年清明取出种之，花开青色。花白者香而结藕，红者艳而结莲。

桂花

金黄、白黄、四季，惟金桂为最。叶边如锯齿而纹粗者香。灌以猪粪，蚕沙壅之，茂腊雪高壅于根，则来年不灌自发。桂树接石榴，开花必红。

桂子

桂子之说，起自唐时。后宋慈云式公《月桂诗序》云：『天圣丁卯秋八月十五夜，月有浓华，云无纤迹。天降灵实，其繁如雨，其大如豆，其圆如珠。其色，白者、黄者、黑者。壳如芡实。味辛。识者曰：「此月中桂子。」好事者播种林下，一种即活。』

芙蓉

有数种，惟大红千瓣，白千瓣，半白半桃千瓣，有醉芙蓉，朝白午桃红晚改大红者，佳甚。今人每种池荡边，取其映水。俗传叶能烂獭毛。隔夜以靛水调纸，包花蕊上，来日开花，青色、黄色者，种贵难得。

❀牡丹

【黄类】

御衣黄：千叶，色似黄葵。

淡鹅黄：初开微黄色，如新鹅黄，后渐白。平头。闻有太真黄，未见。

【大红类】

大红舞青猊：千叶楼子，胎短花小，中出五青瓣，宜向阳。

石榴红：千叶楼子，胎类王家红。

曹县状元红：千叶楼子，宜成树背阴。

金花状元红：大瓣，平头，微紫。每瓣上有黄须，故名。宜阳。

王家大红：千叶楼子，胎红而长，尖微曲，宜阳。大红剪绒：千叶平头，其瓣如剪。

大红绣球：花类王家红，叶微小。

大红西瓜穰：千叶楼子，宜阴。

小叶大红：千叶，头小难开。

金丝大红：平头，不甚大，每瓣上有金丝毫，谓之金线红。

朱砂红：千叶楼子，宜阴。

映日红：千叶楼子，细瓣，宜阳。

锦袍红：千叶平头。

羊血红：千叶平头，易开。

九蕊珍珠红：千叶，花中有九蕊。

石家红：千叶平头，不甚紧。

七宝冠：千叶楼子，难开，又名七宝旋心。

醉胭脂：千叶楼子，茎长，每开头垂下，宜阳。

【桃红类】

魏红：千叶。

大叶桃红：千叶楼子，宜阴。

桃红舞青猊：千叶楼子，中出五青瓣，河南名睡绿蝉，宜阳。

寿安红：平头，黄心，有粗细叶二种，粗者香。

寿春红：千叶平头，胎瘦小，宜阳。

殿春芳：千叶楼子，开迟。

醉桃仙：千叶，花外白内红，难开，宜阴。

美人红：千叶楼子。

皱叶桃红：千叶楼子，叶圆而皱，难开，宜阴。

梅红平头：千叶，深桃红。莲蕊红：千叶楼子，瓣似莲。

海天霞：千叶平头，开花大如盘，宜阳。

桃红西瓜穰：千叶楼子，胎红而长，宜阳。

翠红妆：千叶楼子，难开，宜阴。

陈州红：千叶楼子。

桃红西番头：难开，宜阴。

桃红线：千叶。四面镜：有旋瓣。

桃红凤头：千叶，花高大。

娇红楼台：千叶，浅红，桃红，宜阴。

轻罗红：千叶。

娇红：色如魏红，不甚千叶。

醉娇红：千叶，微红。

浅娇红：千叶楼子。

花红绣球：千叶，细瓣，开圆如球。

出茎红桃：千叶，大尺余，其茎长二尺许。

西子红：千叶，开圆如球，宜阴。

紫玉：千叶，白瓣中有红丝纹，大尺许。

海云红：千叶，色红如朝霞。

【粉红类】

玉芙蓉：千叶楼子，成树则开，宜阴。

素鸾娇：千叶楼子，宜阴。

水红球：千叶，丛生，宜阴。

玉兔天香：二种，一早开，头微小；一晚开，头极大，中出二瓣如兔耳。

醉杨妃：二种，一千叶楼子，宜阳。一平头，极大，不耐日色。

赤玉盘：千叶平头，外白内红，宜阴。

回回粉西施：细瓣楼子，外红内粉红。

粉西施：千叶，甚大，宜阴。

醉西施：千叶，开久露顶。

观音面千叶，开紧，不甚大，丛生，宜阳。

粉娇娥：千叶，白色带浅红，即腻粉妆。

西天香：开早，初甚娇，三四日则白矣。

彩霞红：千叶平头。

玉楼春：千叶，多雨盛开。

鹤翎红：千叶。

醉春容：色似玉芙蓉，开头差小。

醉玉楼：千叶，色白起楼。

一百五：千叶，过清明即开，又名满园春。

合欢花：千叶，一茎两朵。

倒晕檀心：千叶，外深红，近萼反浅白。

肉西施：千叶楼子。

【紫类】

紫舞青猊：千叶，中出玉青瓣。

腰金紫：千叶，有黄须一围。

叶底紫：千叶，茎短，叶覆其花。

即黑紫：千叶楼子，色类黑葵。

丁香紫：千叶楼子。

瑞香紫：千叶，大瓣。

平头紫：千叶，大径尺。

徐家紫：千叶，花大。

茄花紫：千叶楼子，又名藕丝合。

紫姑仙：千叶楼子，大瓣。

紫绣球：千叶，花圆。

紫罗袍：千叶，又名茄色楼。

紫重楼：千叶，难开。

紫云芳：千叶，多丛。

驼褐裘：千叶楼子，大瓣，色类褐衣，宜阴。

淡藕丝：千叶楼子，淡紫色，宜阴。

烟笼紫：千叶，浅淡交映。

【白类】

白舞青猊：千叶楼子，中出五青瓣。

万卷书：千叶，花瓣皆卷筒，又名波斯头，又名玉玲珑，一种千叶桃红，亦同名。

玉重楼：千叶楼子，宜阴。

无瑕玉：千叶。

水晶球：千叶，粉白。

白剪绒：千叶平头，瓣上如锯齿，又名白缨络，难开。

绿边白：千叶瓣，有绿色。

羊脂玉：千叶楼子，大瓣。

庆天香：千叶，粉白。

玉天仙：千叶，粉白。

玉绣球：千叶。

玉盘盂：千叶平头，大瓣。

莲香白：千叶平头，瓣如莲花，香亦如之。

青心白：千叶，心青。

伏家白：千叶。

凤尾白：千叶。

迟来白：千叶。

平头白：千叶，盛者大尺许，难开，宜阴。

金丝白：千叶，白色。

佛头青：千叶楼子，大瓣，群花谢后始开，瓣有绿色，汴名绿蝴蝶，西名鸭蛋青。

❀水仙

单瓣者，名水仙。千瓣者，名玉玲珑。又以单瓣者，名金盏银台。因花性好水，故名水仙。单者叶短而香，可爱。用精盆种，可供雅玩。

❀瑞香

紫、白二色。紫者厚叶金边，香甚。有白者，绿叶黄边者，有粉红色者。

❀紫薇

紫色之外，有白薇，色近微红，此种亦可。又有大红，凡三种。

❀宜男

形似萱花而小，蜜色。妇人带之，可移女为男。晚置斋头，香幽可爱。然须加意培植，大盆种之，多多益善。

❀梨花

有香臭二种。其梨之妙者，花不作气，醉月歌风，含烟带雨，潇洒真莫可与并。种肥阴地，则花茂。

⊛山丹

花如朱红。外有黄色，有白色者，二种称奇。

⊛兰花

紫梗青花者为上，青梗青花者次之，紫梗紫花者又次之，余不入品。种时须将山土和匀，团成茶瓯大，以猛火煅之，取出搥碎，铺以皮屑，纳盆缶中。二八月分种溉之。以土煅者，为其根最甘，恐蚯蚓伤耳。茎叶柔细，生幽谷竹林中。宿根移植，腻土多不活，即活亦不多开花。其茎叶肥大，而翠劲可爱者，率自闽广移来也，非草兰比。

【桂兰】浙之温台山中，岩壑深处悬根而生，故人取之，以竹为络，挂之树底，不土而生。花微黄，肖兰而细。不可缺水，或云宜以冷茶沃之。

【建兰】建兰茎叶肥大，翠劲可爱。其叶独阔，若非原盆，必用山土栽取。脚缸盛水，中间安顿，恐蚁伤根。水须一日一换，若起水皮，则蚁可度。忽然叶生白点，谓之兰虱。鱼腥水或煮蚌汤，频洒之，即灭。夏月，用酱豆汁浇之，则花茂。

【兴兰】

即蕙草也，又名九节兰。其叶长杭兰大半。种之得宜，来年愈盛。买拣大颗得气者，将根洗净，根剪去一半，盆下用细沙，上用松土，无不花者。

【杭兰】或云瓯兰

此种有紫花黄心，有白花黄心。紫若胭脂，白若羊脂，花香可爱。正月间，杭人取堆混堂促开，故花不香。须买大本，根内无竹钉者，取横山黄土，拣去石块种之。见天不见日，羊鹿粪灌之，来年花盛。一说用水浮炭种之，上盖青苔，茂花。且频洒水，花香。一说用鸡鹅毛水浇之亦可。

【风兰】

种小似兰，枝干短而劲。类瓦花，不用沙土。取竹篮盛贮其大窠，悬于有露无日之处，朝夕洒水，三四月中，开小白花。将萎，转黄色，黄白相间，如老翁鬓。或云宜以冷茶沃之，或云用妇人髻铁丝盛之，而以头发衬之，则花茂。又云此兰能催生，将分娩，挂房为妙。

【箸兰】

其叶如箸，四月中开紫花，形似兰，不香，与石榴红同时以开。大都产海岛阴谷中，羊山、马迹诸山亦有。

⊛蜀葵

又名戎葵，出自西蜀。其种类似不可晓，总要地肥善灌。花有五六十种奇态，而色有红、紫、白、墨紫、深浅桃红、茄紫，杂色相间。花形有千瓣，有五心，有重台，有剪绒，有细瓣，有锯口，有圆瓣，有五瓣，有重瓣，种种莫可名状。

⊛棣棠花

花若金黄，一叶一蕊，生甚延蔓。有色白者，又有单叶者，名金碗，喜水。

⊛丽春花

罂粟类也，其花单瓣。态色飞舞，俨若蝶翅扇动，亦草花中之妙品也。

【又】

根苗一类，而具数种之色。红者，紫者，白者，傅粉之红者，丹青之黄者，有微红者，半红者，白肤而绛络者，丹衣而素纯者，又有殷者而染茜。

⊛郁李花

有粉红、雪白二色，俱千叶，花如纸剪簇成。

⊛栀子花

有花小而重台者，园圃中之品卉。又一种徽州栀子，小叶小枝小花，高不过尺许，可作盆景。

⊛紫荆花

花碎而繁，色浅紫。每花一蒂，若柔丝相系，故枝动，朵朵娇颤不胜。

⊛凤仙花

有红、白、紫数种。捣其叶，可以染指甲为红色。古有《红指甲》诗云：『一点愁凝鹦鹉喙，十分春上牡丹芽。娇弹粉泪抛红豆，戏掐花枝镂绛霞。』一名金凤。花有重瓣、单瓣，红、白、粉红、紫色、浅紫如蓝，有白瓣上生红点凝血，俗名洒金，六色。花开，一落即去其蒂，则花茂。

⊛鸡冠花

俗名波罗奢花。有扫帚鸡冠，有扇面鸡冠，有紫白同蒂，名二乔鸡冠，有缨络鸡冠，用扇子或妇人裙子。扇面者，以矮为佳；帚样者，以高为趣。二色鸡冠，一朵同蒂，色分紫白各半，亦奇种也。更有一种五色者，最短，名曰寿星。

⊛罂粟花

色有大红、桃红、纯紫、红紫、纯白，一种而具数色，绝类丽春。虞美人，瓣短而娇。满园春，夹瓣。剪绒，花蕊狭长；剪裘，花蕊阔大。俱以子种。

⊛杜鹃花

出自蜀中者佳，谓之川鹃，花内十数层，色红。出四明者，花可二三层，色淡，总名杜鹃。有一种石岩映山红，接者，不佳。

⊛夜合花

一干特起，叶皆环列攒于上。至开花时，皆倾侧外向。立夏日，看蕊红纹香淡者，名百合。蜜色而香浓，日开夜合者，名夜合。临平出产，多以红色根作百合卖，宜慎辨之。

⊛芭蕉花

自东粤来者，名美人蕉。其花开若莲，而色红若丹。

⊛锦带花

又名鬓边娇，形如小铃，白者内而粉红者外。亦有深红者，一树而有二色，类海棠，而枝长花密，无子。既开，繁丽袅袅，如曳锦带。植之屏篱，可供雅玩。

宝相花

大红、粉红二种。花似蔷薇朵大，而千瓣塞心。肥阴处则茂。

蔷薇花

有朱千蔷薇，多叶，赤色，花大叶粗，最先开。有荷花蔷薇，千叶，花红，状似荷花。有刺縻堆，亦千叶，花大，红如刺绣所成，开最后。有五色蔷薇，花亦多叶而小，一枝五六朵，而有深红、浅红之别。有黄者，花如棣棠，金色。有淡黄者，有鹅黄色者，易盛而难久。有白者，类玫瑰而无香。

玉兰花

种似水笔，以木笔并植其侧，秋后遇枝接生。其花九瓣，色白，微碧，状类芙蕖心，从生，浅绿，一干一花，皆着水末。花落，又从蒂中抽叶，特异他花。冬间结蕊，至三月盛开，浇以粪水，则花大而香，古名水兰。

⊛腊梅花

腊梅，丛生，叶如桃而阔大坚硬。开当腊月如腊，故名。凡三种，以子种出，不经接。上等罄口，最先开，色深黄，圆瓣如白梅者佳，若瓶一枝，香可盈室。楚中荆襄者最佳，次荷花瓣者，瓣有微尖又次，花小香淡，俗呼狗英腊梅。开时无叶，叶盛则花已无。

⊛槿花

篱槿，花之最恶者也。其外有千瓣白槿，大如劝杯。有大红、粉红千瓣，远望可观，即南海朱槿、那提槿也，插种甚易。

⊛蝴蝶花

草花，俨似蝴蝶状，色黄，上有赤色细点，阔叶。有一种大者，青花可爱。

⊛笑靥

花细如豆，一条千花，望之若堆雪。

⊛金茎

金茎花如蛱蝶，风过，花态飞舞摇荡。妇人采之为饰。

⊛玫瑰

出燕中，色黄，花稍小于紫玫瑰。

⊛鹿葱花

花俪蜨蝶，三大圆瓣而三小尖瓣，色葱藕色，中心白地，红黄点点。摇风弄影，丰韵可人。根枝丛发，肥种之，花茂。

⊛辛夷花

花如莲，外紫内白，蕊若笔尖，故名木笔，一名望春，俗名猪心，本可接玉兰者，《西湖志余》云：『花鲜红，似杜鹃踯躅，俗称红石荞是也。白乐天《红辛夷》诗云：「紫粉笔含尖火焰，红胭脂染小莲花。」』

⊛荼蘼

大朵，色白。又有蜜色一种，千瓣而香，枝梗多刺。

⊛结香

花色鹅黄，较瑞香稍长。花开无叶，花谢叶生。枝极柔软，多以蟠结。

⊛枳壳花

花细而香，闻之，可破郁结。

⊛海桐花

叶似杨梅而稍阔，长青不凋。花细白如丁香，而嗅味不甚美，远观可也。人家园内多植之。

⊛橙花

花细而白，香清可人。

⊛朱兰花

花开肖兰，色如渥丹，叶阔而柔，粤种也。

练树花

苦练发花，一蓓数朵，满树可观。

淡竹花

花开二瓣，色最青翠，乡人用绵收之，货作画灯，青色并破绿等用。

金灯花

花开，一簇五朵。金灯色红，银灯色白，皆蒲生，分种。开时无叶，花完发叶，如水仙。

四季

花小，叶细，色白。

含笑

产广东，其花如兰，形色俱肖。花开不满，若含笑然。随即凋落，性最耐寒。

夏菊

花瓣虽细，凡一二层，色黄，肖菊，俗说遍地生苗者。由花稍滴露而出也，故名滴滴金，又名金钱菊。

⊛丈菊

其茎丈余，干亦坚粗，每多直生。虽有傍枝，只生一花，大如盘盂，单瓣，色黄，心皆作窠，如蜂房状。至秋渐紫黑而坚，劈而秧之。其叶类麻而尖，又名迎阳花。

⊛石竹

石竹有二种，单瓣者名石竹，千瓣者名洛阳花，二种俱有雅趣。

⊛红豆

花开，一穗十蕊，累累下垂。色妍桃杏，叶瘦如芦，颇可玩也。

⊛钱葵

即锦茄花。花叶如葵，稍矮而丛生。花大如钱，止有粉间深红一色，开亦耐久。

⊛茗花

即食茶之花，色月白而黄，心清香隐然。瓶之斋头，可为清供佳品。且蕊在枝条，无不开遍，非凡花比也。

⊛**香楠**

马湖府土产。年深向阳者结成花纹。

⊛**羊桃**

福州产，其实五瓣，色青黄。

⊛**茉莉**

有朱茉莉，其色粉红。有千叶者，初开时花心如珠，出自四川。有单叶者。

⊛**秋牡丹**

草本，遍地延蔓，叶肖牡丹。花开，浅紫黄心。根生，分种，易活。

⊛**十样锦**

十样锦，枝头乱叶，有青、红、紫、黄、绿杂色，故名其雁来红，以雁来而色娇，故名。非一种二名也。

❀十姊妹

花小而一蓓十花，故名十姊妹。其色自一蓓中分红、紫、白、淡紫四色。或云色因开久而变，然试之，含蕊便有各色，真天姿也。

❀七姊妹

花似蔷薇而七朵连缀，花甚可观，开于春尽。

❀娑罗花

雅州瓦屋山出，五色烂然，移他处则槁。

❀月月红

俗名月月红，又名月季花，又名长春花，又名胜春花，又名斗雪花。一本丛生，枝干多刺而不甚长，花有深红、浅红之异。

❀金钵盂

形似沙罗而花小，夹瓣如瓯，红鲜可观。

间间红

又名佛见笑，花似蔷薇，色红，瓣短，叶差小于薇。有粉色花，最小而簇密。

真珠兰

真珠兰，色紫，蓓蕾如珠，花开成帚，其香甚浓，戴之发髻，香闻十步。以之蒸牙香、捧香，名曰兰香者，非此不可。广中极盛，至南方则不甚多。

剪春罗

春罗又名剪罗，叶似冬青而小，每茎开一花，花瓣上茸茸如剪刀痕。

剪秋罗

秋罗又云汉宫秋，与春罗相似而叶且尖。深红色，瓣分数岐，为剪刀状。其色胜春罗，根俱可分，子俱可下。

史君子花

花如海棠，柔条可爱。

⊛夹竹桃花

花如桃，叶如竹，故名。

⊛紫丁香花

木本，花如细小丁香而瓣柔，色紫，蓓蕾而生，接种俱可。自是一种，非瑞香之别名也。

⊛番山丹花

有二种，一名番山丹，花大如碗，瓣俱卷转，高可五六尺。一种花如朱砂，本止盈尺，茂者一干两三花。

⊛水红花

花开蓓蘽而细，长二寸，枝枝下垂，色粉红可观。惟水边更多，故俗名水红花也。

⊛金银莲

湖中甚多，园林盆泥蓄水种之。但取二色，重台者可爱。

水木樨

花色如蜜，香与木樨同味，但草本耳。

金丝桃

花如桃，而心有黄须，铺散花外，若金丝然。以根下劈开，分种，易活。

铁树花

黎州安抚司产。树止一二尺，叶密而花红。

攀枝花

高四五丈，类山茶，殷虹如锦，一名木棉。

山矾花

花繁如雪，香气极浓，邛州出产。

⊛美人蕉

产福建福州府。其花四时皆开，深红照眼，经月不谢。

⊛金沙罗

似蔷薇，而花单瓣，色红艳夺目。

⊛粉团花

叶麻，花开小而色边紫者为最，其白粉团，即绣球花也。

⊛缠枝牡丹

柔枝依附而生，花有牡丹态度，甚小。缠缚小屏，花开烂然，亦有雅趣。

⊛地涌金莲

叶如芋艿，花开如莲，花瓣内一小黄心，幽香可爱，色状甚奇。最难于开花。

◉附 百菊集谱 类凡七

◎洛阳品类

鄞江周师厚公因倅洛阳，作《洛阳花木记》。愚今于记中惟摭取菊名列于此，若乃诸形状，据花本，皆不该

菊单叶、金铃菊、紫干子、万铃菊、毬子菊、鸡冠菊、地棠菊、千叶大黄菊、五色菊、粉红菊、碧菊、千叶晚红菊、黄簇菊、柿叶菊、青心菊、叶红菊、黄窠廷子、探白子、白菊、六月紫菊、红香菊、钗头菊、紫菊亦谓之旱莲、金钱菊、川金菊深色，单叶、川剪金

◎虢地品类

彭城刘蒙撰谱，公因至伊水旅寓，见菊作此

叙曰：草木之有花，浮冶而易坏。凡天下轻脆难久之物者，皆以花比之，宜非正人达士坚操笃行之所好也。然余尝观屈原之为文，香草龙凤以比忠正，而菊与菌桂、荃蕙、兰芷、

江篱，同为所取。又，松者，天下岁寒坚正之木也，而陶渊明乃以松名配菊，连语而称之。夫屈原渊明实皆正人达士坚操笃行之流。至于菊，犹贵重之如此。是菊，虽以花为名，固与浮冶易坏之物，不可同年而语也，且菊有异于物者。凡花皆以春盛而实者，以秋成其根枝抵叶，无物不然。而菊独以秋花悦茂于风霜摇落之时，此其得时者，异也。有花叶者，花未必可食。而康风子乃以食菊仙。又，《本草》云：『以九月取花久服，轻身耐老。』此其花异也。花可食者，根叶未必可食。而陆龟云：『春苗恣肥，得以采撷供左右杯按。』又，《本草》云：『以正月取根，此其根叶异也。』夫以一草之微，自本至末，觉无非可食，有功于人者。加以色香态纤妙闲雅，可为丘壑燕静之娱。然则古人取其以比德，而配之以岁寒之操，夫岂独然而已哉！洛阳风俗，大抵好花，菊品之数，比他州为盛。刘原孙伯绍者，隐居伊之瀍，率诸菊而植之，朝夕啸咏，介乎其则，盖已有意谱之而未暇也。崇宁甲申九月，余为龙门之游，得至君居，坐于舒啸堂上，顾玩而乐之。是枝、香笋、茶、竹、砚、墨之类，有名数者，前人皆谱録金菊。相与订论，访其居之未尝有，因而次第焉。夫牡丹花品之盛，至于三十余种，可以类聚而记之。故随其名品，论叙于左，以列诸谱之次。

说疑

或谓菊与苦薏有两种，而陶隐居、日华子所记皆无千叶花，疑今谱中或有非菊者也。然余尝读陶隐居之说，以谓茎紫、色青、作蒿艾气为苦薏。今余所记菊中虽有茎青者，然而为气香，味甘，枝叶纤少。或有味苦者，而紫色细茎，亦无蒿艾气。今人间相传为菊，其已久矣，故未能轻取旧说，而弃之也。凡植物之见取于人者，栽培灌溉，不失其宜，则枝叶华实，无不猥大。至其气之所聚，乃有连理合颖、双叶并蒂之瑞，而况于花有变而为千叶者乎？日华子曰：『花大者为甘菊，花小而苦者为野菊。若种园蔬肥沃之处，复同一体。』是小可变为甘也。如是，则单叶变而为千叶亦有之矣。牡丹、芍药皆为药中所用，隐居等但记花之红白，亦不云有千叶者。今二花生于山野，类皆单叶小花。至于园圃肥沃之地，栽锄粪养，皆为千叶，然后大花千叶，变态百出。然则奚独至于菊而疑之？注《本草》者谓：『菊一名日精』，按，《说文》：『从「鞠」』，而《尔雅》：『菊治蘠』，《月令》云：『鞠，黄华』，疑皆传写之误欤。若夫马蔺为紫菊，瞿麦为大菊，乌喙苗为鸳鸯菊，旋覆花为艾菊，与其他妄滥而窃菊名者，皆所不取云。鸳鸯菊乃豆蔻花也，其花类百合而小，比牵牛花差大，红紫色，中心有双须，须之端为双鸳鸯之形，其叶如菊叶而极大，淮南二三月开花。

⊛定品

或问菊奚先？曰：先色与香，而后态。然则色奚先？曰：黄者中之色，上黄季月，而菊以九月花，金土之应，相生而相得者也。其次莫若白，西方金气之应，菊以秋开，则于气为锺焉。陈藏器云：『白菊生平泽，花紫者白之变，红者紫之变也。』此紫所以为白之次，而红所以为紫之次云。有色矣，而又有香；有香矣，而复有态，是其为花之尤者也。或又曰：花以艳媚为悦，而子以态为后欤？曰：吾尝闻于古人矣，妍卉繁花为小人，而松竹兰菊为君子，安有君子而以态为悦乎？至于具香与色，而又有态，是犹君子而有威仪也。菊有名龙脑者，具香与色，而态不足者也。菊有名都胜者，具色与态，而香不足者也。菊之黄者未必皆胜，而置于前者，正其色也。菊之白者未必皆劣，而列于中者，次其色也。新罗、香球、玉铃之类，则以瑰异而升焉。至于顺圣、杨妃之类，转红受色不正，故虽有芬香态度，不得与诸花争也。然余独以龙脑为诸花之冠，是故君子贵其质焉。后之视此谱者，触类而求之，则意可见矣。花总数三十有五品，以品视之，可以见花之高下。以花视之，可以知品之得失。具列之如左云。

⊛龙脑第一

龙脑，一名小银台，出京师，开以九月末。类金万铃而叶尖，谓花上叶，色类人间紫郁金，而外叶纯白。夫黄菊有深浅色两种，而是花独得深浅之中，又其香气芬烈，甚似龙脑。是花与香色俱可贵也。诸菊或以态度争先者，然标致高远，譬如大人君子，雍容雅淡，识与不识，固将见而悦之，诚未易以妖冶艳媚为胜也。

⊛新罗第二

新罗，一名玉梅，一名倭菊，出海外国中，开以九月末。千叶纯白，长短相次，而花叶尖薄，鲜明莹彻，若琼瑶然。花始开时，中有青黄细叶，如花蕊之状。盛开之后，细叶舒展，乃始见其蕊焉。枝正紫色，叶青，支股甚小。凡菊类多尖阙，而此花之蕊分为五出，如人之有支股也，与花相映，标韵高雅，似非寻常比之然也。余观诸菊开头枝叶，有多少繁简之失，如桃花菊则恨叶多，如球子菊则恨花繁。此菊一枝多开一花，虽有旁枝，亦少双头并开者，正行素独立之意。故详纪焉。

⊛都胜第三

都胜，出陈州，开以九月末。鹅黄千叶，叶形圆厚，有双纹。花叶大者，每叶上皆有双画直纹，如人手纹状，而内外大小重叠相次蓬蓬然，疑造物者着意为之。凡花形，千叶如金铃，则太厚；单叶如大金铃，则太薄。惟都胜、新罗、御爱、棣棠，颇得厚薄之中，而都胜又其最美者也。余尝谓菊之为花，皆以香、色、态度为尚，而枝常恨粗，叶常恨大。凡菊无态度者，枝叶累之也。此菊细枝小叶，袅袅有态，而俗以都胜目之，其有取于此乎？花有浅深两色，盖初开时色深尔。

⊛御爱第四

御爱，出京师，开以九月末。一名笑靥，一名喜容。淡黄千叶，叶有双纹，齐短而阔。叶端皆有两阙，内外鳞次，亦有瑰异之形，但恨叶差粗，不得与都胜争先尔。叶比诸菊最小而青，每叶不过如指面大。或云出禁中，因此得名。

⊛玉球第五

玉球，出陈州，开以九月末。多叶白花，近蕊微有红色。花外大叶有双纹，莹白齐长，而蕊中小叶如剪茸。初开时有壳青，久乃退去。盛开后小叶舒展，皆与花外长叶相次侧垂。以玉球目之者，以其有圆聚之形也。枝干不甚粗，叶尖长，无残阙，枝叶皆有浮毛，颇与诸菊异。然颜色标致，固自不凡。近年以来方有此本，好事者竞求致，一二本之直，比于常菊十倍焉。

⊛玉铃第六

玉铃，未详所出，开以九月中。纯白千叶，中有细铃，甚类大金铃菊。凡白花中，如玉球、新罗，形态高雅，出于其上，而此菊与之争胜。故余明次二菊，观名求实，以无愧焉。

⊛金万铃第七

金万铃，未详所出，开以九月末。深黄千叶。菊以黄为正，而铃以金为质。是菊正黄色，而叶有铎形，则于名实两无愧也。菊有花密枝偏者，人间谓之鞍子菊，实与此花一种，特以地脉肥盛，使之然尔。又有大黄铃、大金铃、蜂铃之类，或形色不正，比之此花，特为窃有其名也。

⊛大金铃第八

大金铃，未详所出，开以九月末。深黄有铃者，皆如铎之形，而此花之中，实皆五出细花，下有大叶开之，每叶之有双纹，枝与常菊相似，叶大而疏，一枝不过十数叶。俗名大金铃，盖以花形似秋万铃尔。

⊛银台第九

银台，深黄万银铃，叶有五出，而下有双纹白叶开之。初疑与龙脑菊一种，但花形差大，且不甚香耳，俗谓龙脑菊为小银台，盖以相似故也。枝干纤柔，叶青黄而粗疏。近出洛阳水北，小民家未多见也。

⊛棣棠第十

棣棠，出西京，开以九月末。双纹多叶，自中至外，长短相次，如千叶棣棠状。凡黄菊类，多少花，如都胜、御爱，虽稍大而色皆浅黄，其最大者若大金铃菊，则又单叶浅薄，无甚佳处。惟此花深黄多叶，大于诸菊，而又枝叶甚青，一枝丛生，至十余朵。花叶相映，颜色鲜好，甚可爱也。

⊛蜂铃第十一

蜂铃，开以九月中，千叶深黄，花形圆小，而中有铃叶拥聚蜂起，细视若有蜂窠之状。大抵此花似金万铃，独以花形差小而尖，又有细蕊出铃叶中，以此别尔。

⊛鹅毛第十二

鹅毛，未详所出，开以九月末。淡黄，纤如细毛，生于花萼上。凡菊大率花心皆细叶，如下有大叶承之，间谓之托叶。今鹅毛花自内自外，叶皆一等，但长短上下有次尔。花形小于万铃，亦近年花也。

⊛球子第十三

球子，未详所出，开以九月中。深黄，千叶，尖细重叠，皆有伦理。一枝之杪，丛生百余花，若小球菊，诸黄花最小无过此者。然枝青叶碧，花色鲜明，相映尤好也。

⊛夏金铃第十四

夏金铃，出西京，开以六月。深黄，千叶，甚与金万铃相类，而花头瘦小，不甚鲜茂，盖以生非其时故也。或曰：非时而花，失其正也，而可置于上乎？曰：其香是也，其色是也，若生非其时，则系于天者也。特失时以生，非其时而置之诸菊之上，香色不足论矣，奚以贵质哉？

⊛秋金铃第十五

秋金铃，出西京，开以九月中。深黄，双纹，重叶，花中细蕊皆出小铃萼中，亦如铃叶，但比花叶短广而青，故谱中谓铃叶、铃萼者，以此，有如蜂铃状。余顷年至京师，始见此菊，戚里相传以为爱玩。其后菊品渐盛，香色形态往往出此花上，而人之贵爱寖落矣。然花色正黄，未应便置诸菊之下也。

金钱第十六

金钱，出西京，开以九月末。深黄，双纹，重叶，似大金菊，而花形圆齐，颇类滴漏花栏槛处处有，亦名滴滴金，亦名金钱子。人未有识者，或以为棠棣菊，或以为大金铃，但以花叶辨之，乃可见尔。

邓州黄第十七

邓州黄，开以九月末。单叶，双纹，深于鹅黄而浅于郁金，中有细叶出铃萼上，形样甚似邓州白，但差小尔。按，陶隐居云：『南阳郦县有黄菊而白，以五月采。』今人间相传多以白菊为贵，又时采乃以九月，颇与古说相异。然黄菊味甘气香，枝干叶形全类白菊，疑乃弘景所说尔。

蔷薇第十八

蔷薇，未详所出，九月末开。深黄，双纹，单叶，有黄细蕊出小铃萼中，枝干差细，叶有支股而圆。又，蔷薇有红黄千叶、单叶两种，而单叶者差尖，人间谓之野蔷薇，盖以单叶尔。

黄二色第十九

黄二色，九月末开。鹅黄，双纹，多叶，一花之间，自有深、淡两色。然此花甚类蔷薇菊，惟形差小。又近蕊多有乱叶，不然，亦不辨其异种也。

甘菊第二十

甘菊，生雍州川泽，开以九月。深黄，单叶，闾巷小人且能识之，固不待记而后见也。然余窃谓古菊未有瑰异如今者，而陶渊明、张景阳、谢希逸、潘安仁等，或爱其香，或咏其色，或采之于东篱，或泛之于酒斝，疑皆今之甘菊花也。夫以古人赋咏赏爱至于如此，西京但以金菊之盛，遂将弃而不取，是岂仁人君子之于物哉？故余特以甘菊置于白、紫、红菊三品之上，其大意如此。

酴醾第二十一

酴醾，出相州，开以九月末。纯白，千叶，自中至外，长短相次，花之大小正如酴醾，而枝干纤柔，颇有态度。若花叶稍圆，加以檀蕊，真酴醾也。

❀玉盆第二十二

玉盆，出滑州，开以九月末。多叶，黄心，内深外淡，而下有阔白大叶连缀承之，有如盆盂中盛花状。然人间相传以为玉盆菊者，大率皆黄心碎叶，初不知其得名之由。后请疑于识者，始以真菊相示，乃知物之见名于人者，必有形似之实，非讲寻无倦，或有所遗尔。

❀邓州白第二十三

邓州白，九月末开。单叶，双纹，白叶，中有细蕊出铃萼中。凡菊单叶如蔷薇菊之类，大率花叶圆密相次花叶谓头上白叶，非枝叶之叶，他称花叶仿此。而此花叶皆尖细，相去稀疏，然香比诸菊甚烈，又为药中所用，盖邓州菊潭所出尔。枝干甚纤柔，叶端有支股而长，亦不甚青。

❀白菊第二十四

白菊，单叶，白花，蕊与邓州白相类，但花叶差阔，相次圆密，而枝叶粗繁。人未识者多谓此为邓州白，余亦信以为然。后刘伯绍访得其真菊，较而见其异，故谱中别开邓州白，而正其名曰白菊。

⊛银盆第二十五

银盆，出西京，开以九月中。花皆细铃，比夏、秋万铃差疏，而形色似之。铃叶之下，别有双纹白叶，故人间谓之银盆者，以其下叶正白故也。此菊近出，未多见，至其茂肥得二花之大，有若盆者焉。

⊛顺圣浅紫第二十六

顺圣浅紫，出陈州、邓州，九月中方开。多叶，叶比诸菊最大，一花不过六七叶，而每叶盘叠凡三四重，花叶空处开有筒叶辅之。大率花枝干类垂丝棣棠，但色紫花大尔。余所记菊中，惟此最大，而风流态度，又为可贵，独恨此花非黄白，不得与诸菊争先也。

⊛夏万铃第二十七

夏万铃，出鄜州，开以五月。紫色，细铃，生于双纹大叶之上。以时别之者，以有秋时紫花故也。或以菊皆秋生花，而疑此菊独以夏盛。按《灵宝方》曰：『菊花紫白。』又陶隐居云『五月采。』今此花紫色而开于夏时，是其得时之正也，夫何疑哉！

⊛秋万铃第二十八

秋万铃，出鄜州，开以九月中。千叶，浅紫，其中细叶尽为五出，铎形，而下有双纹大叶承之。诸菊如棣棠是其最大，独此菊与顺圣过焉。或云与夏花一种，但秋夏再开尔。今人间通草为花，多作此菊，盖以其瑰美可爱故也。

⊛绣球第二十九

绣球，出西京，开以九月中。千叶，紫花，叶尖阔。相次丛生，如金铃菊中铃叶之状。大率此花似荔枝菊，花中无筒叶，而萼边正平尔。花形之大，有若大金针菊者焉。

⊛荔枝第三十

荔枝，枝紫，出西京，九月中开。千叶，紫花，叶卷为筒，大小相间。凡菊铃并蕊皆生托叶之上，叶背乃有花萼，与枝相连。而此菊上下左右攒聚而生，故俗以为荔枝者，以其花形正圆故也。花有红者，与此同名，而纯紫者，盖不多尔。

⊛垂丝粉红第三十一

垂丝粉红，出西京，九月中开。千叶，叶细如茸，攒聚相次，而花下亦无托叶。人以垂丝目之者，盖以枝干纤弱故也。

⊛杨妃第三十二

杨妃，未详所出，九月中开。粉红，千叶，散如乱茸，而枝叶细小，袅袅有态。此实菊之柔媚为悦者也。

⊛合蝉第三十三

合蝉，未详所出，九月末开。粉红，筒叶，花形细者，与蕊杂比。方盛开时，筒之大者裂为两翅，如飞舞状，一枝之杪，凡三四花，然大率皆筒叶如荔枝菊。有蝉形者，盖不多尔。

⊛红二色第三十四

红二色，出西京，开以九月末。千叶，深淡红，丛有两色。而花叶之中，间生筒叶，大小相应。方盛开时，筒之大者裂为二三，与花叶相杂比，茸茸然。花心与筒叶，中有青黄色，颇与诸菊相异。然余植桃花、石榴花、川木瓜之类，或有一株异色者，果以物之付受，有不平欤？抑将见其巧，与金菊之变其黄白而为粉红、深紫欤？花之形度，无甚佳处，特记其异耳。

⊛桃花第三十五

桃花，粉红，单叶，中有黄蕊，其色正类桃花，俗以此名，固可怪。而又下株亦有异色并生者也，是亦深可怪。盖以言其色尔。花之形度，虽不甚佳，而开于诸菊未有之前，故人比是菊如木中之梅焉。枝叶最繁密，或有无花者，则一叶之大，逾数寸也。

叙遗曰：余闻有麝香菊，黄花，千叶，以香得名。有锦菊者，粉红，碎花，以色得名。有孩儿菊者，粉红，青萼，以形得名。有金丝菊者，紫花，黄心，以蕊得名。尝访于好事，求于园圃，既未之见，故特论其名色，列于记花之后焉。

补意曰：余疑古之菊品，未若今日之富也。尝闻于莳花者云：花之形色变易，如牡丹之类，岁取其变者以为新，今此菊亦疑所变也。

◎吴中品类

吴门老圃史正志撰谱。公退朝归休，治圃栽菊，作此

叙曰：菊，草属也，以黄为正，是以概称黄花。所宜贵者，苗可以菜，花可以药，囊可以枕，酿可以饮。所以高人隐士，篱落畦圃之间，不可无此花也。陶渊明植于三径，采于东篱，浥露掇英，泛以忘忧。钟会赋以『五美』，谓：『圆华高悬，准天极也；纯黄不杂，后土色也；早植晚登，君子德也；冒霜吐颖，象劲直也；杯中体轻，神仙食也。』其为所重如此。然品类有数十种，而白菊一二年多有变黄者，余在二水植大白菊百余株，次年尽变为黄花云云。『杯中』一作『流中』

❂黄

大金黄：心密，花瓣大如大钱。

小金黄：心微红，花瓣鹅黄，叶翠，大如众花。

佛头菊：无心，中边亦同。

小佛头：同上，微小，又云叠罗黄。

金整菊：比佛头颇瘦，花心微洼。

金铃菊：心微青红，花瓣鹅黄色，叶小，又云明州黄。

深色御袍黄：心起突，色如深鹅黄。

浅色御袍黄：中深。

金钱菊：心小，花瓣稀。

球子黄：中边一色突起，如球子。

棣棠菊：色深黄，如棣棠状，比甘菊差大。

甘菊：色深黄，比棣棠颇小。

野菊：细瘦，枝柯凋衰，多野生，亦有白者。

❁白

金盏银台：心突起，深黄，四边白。

楼子佛顶：心大，突起似佛顶，四边单叶。

添色喜容：心微红，花瓣密且大。

缠枝菊：花瓣薄，开过转红色。

玉盘菊：黄心突起，淡白绿边。

单心菊：细花心，瓣大。

楼子菊：层层状如楼子。

万铃菊：心茸茸突起，花多半开者，如铃。

脑子菊：花瓣微绉缩，如脑子状。

荼蘼菊：心青黄微起，如鹅黄，浅色。

❀杂色红紫

十样锦：黄白杂样，亦有微紫，花头小。

桃花菊：花瓣全如桃花，秋初先开，色有浅深，深秋亦有白者。

芙蓉菊：状如芙蓉，亦红色。

孩儿菊：紫萼白心，茸茸然，叶上有光，与他菊异。

夏月佛顶菊：五六月开，色微红。

后叙曰：花有落者，有不落者，盖花瓣结密者不落。盛开之后，浅黄者转白，而白色者渐转红，枯于枝上。花瓣扶疏者多落，盛开之后，渐觉离披，遇风雨撼之，则飘散满地矣，云云。

◎石湖品类

石湖范成大撰谱并序

山林好事者或以菊比君子，其说以为岁华晼晚，草木变衰，乃独烨然秀发，傲睨风露。此幽人逸士之操，虽寂寥荒寒，而味道之腴，不改其乐者也。神农书以菊为养生上药，能轻身延年。南阳人饮其潭水，皆寿百岁，使夫人者有为于当年，医国庇民，亦犹是而已。菊于君子之道，诚有臭味哉，云云。

黄花

胜金黄：一名大金黄菊，以黄为正，此品最为丰缛，而加轻盈。花叶微尖，但条梗纤弱，难得团簇，作大本须留意扶植乃成。

叠金黄：一名明州黄，又名小金黄。花心极小，叠叶秾密，状如笑靥花，有富贵气，开早。

棣棠菊：一名金锤子花，纤秾酷似棣棠，色深如赤金，它花色皆不及，盖奇品也。窠株不甚高，金陵最多。

叠罗黄：状如小金黄，花叶尖瘦，如剪罗縠，三两花自作一高枝出丛上，意度潇洒。

麝香黄：花心丰腴，旁短叶密承之，格极高胜。亦有白者，大略似白佛顶，而胜之远甚，吴中比年始有。

千叶小金钱：略似明州黄，花叶中外叠叠整齐，心甚大。

太真黄：花如小金钱，加鲜明。

单叶小金钱：花心尤大，开最早，重阳前已烂熳。

垂丝菊：花蕊深黄，茎极柔细，随风动摇，如垂丝海棠。

鸳鸯菊：花常相偶，叶深碧。

金铃菊：一名荔枝菊，举体千叶，细瓣簇成小球，如小荔枝。枝条长茂，可以揽结。江东人喜种之，有结为浮图楼阁，高丈余者。予顷北使，过栾城，其地多菊，家家以盆盎遮门，悉为鸾凤亭台之状，即此一种。

球子菊：如金铃而差小，二种相去不远，其大小名字出于栽培肥瘠之别。

小金铃：一名夏菊，花如金铃而极小，无大本，夏中开。

藤菊花：密条柔，以长如藤蔓，可编作屏障，亦名棚菊。种之坡上，则垂下袅数尺如缨络，尤宜池潭之濒。

十样菊：一本开花，形模各异，或多叶，或单叶，或大或小，或如金铃，往往有六七色，以成数通名之。曰『十样』。衢严间花黄，杭之属邑有白者。

甘菊：一名家菊，人家种以供蔬茹，凡菊叶皆深绿而厚，味极苦，或有毛。惟此叶淡绿柔莹，味微甘，咀嚼香味俱胜，撷以作羹及泛茶，极有风致。天随子所赋即此种。花差胜，野菊甚美，本不繁花。

野菊：旅生田野及水滨，花单叶，极琐细。

⊛白花

五月菊：花心极大，每一须皆中空，攒成一匾球子，红白单叶绕承之。每枝只一花，径二寸，叶似同蒿，夏中开。近年院体画草虫，喜以此菊写生。

金杯玉盘：中心黄，四旁浅白，大叶三数层，花头径三寸，菊之大者不过此。本出江东，比年稍移栽吴下。此与五月菊二品，以其花径寸特大，故列之于前。

喜容千叶：花初开微黄，花心极小，花中色深，外微晕淡，欣然丰艳，有喜色，甚称其名。久则变白，尤耐封植，可以引长七八尺至一丈，亦可揽结，白花中高品也。

御衣黄：千叶，花初开深鹅黄，大略似喜容而差疏瘦，久则变白。

万铃菊：中心淡黄䭔子，傍白花叶绕之，花端极尖，香尤清烈。

莲花菊：如小白莲花，多叶而无心，花头疏极，萧散清绝，一枝只一葩，绿叶亦甚纤巧。

芙蓉菊：开就者如小木芙蓉，尤秾盛者如楼子芍药，但难培植，多不能繁橆。

茉莉菊：花叶繁缛，全似茉莉，绿叶亦似之，长大而圆净。

木香菊：多叶，略似御衣黄，初开浅鹅黄，久则淡白，花叶尖薄，盛开则微卷，芳气最烈。一名脑子菊。

酴醾菊：细叶稠叠，全似酴醾，比茉莉差小而圆。

艾叶菊：心小叶单，绿叶，尖长似蓬艾。

白麝香：似麝香，黄花差小，亦丰腴韵胜。

白荔枝：与金铃同，但花白耳。

银杏菊：淡白，时有微红，花叶尖绿，叶全似银杏叶。

波斯菊：花头极大，一枝只一葩，喜倒垂下，久则微卷，如发之鬈。

佛顶菊：亦名佛头菊，中黄心极大，四傍白花一层绕之。初秋先开白色，渐沁微红。

桃花菊：多叶至四五重，粉红色，浓淡在桃杏红梅之间。未霜即开，最为妍丽，中秋后便可赏，以其质如白之受采，故附白花。

燕脂菊：类桃花菊，深红浅紫，比燕脂色尤重。比年始有之。此品既出，桃花菊遂无颜色，盖奇品也，姑附白花之后。

紫菊：一名孩儿菊，花如紫茸，丛茁细碎，微有菊香。或云即泽兰也，以其与菊同时，又常及重九，故附于菊。

◎诸州及禁苑品类

吴人沈竞撰谱

潜山朱新仲有菊坡，所种各分品目。玉盘盂与金铃菊其花相次。又有春菊，花小而微红者。有佛头菊，花不作瓣而为小筒样者。有枇杷菊，叶似枇杷，花似金盏银盘而极大，却不甚香。有丁香菊，花小而外紫内白者。

至今舒州菊多品，如蜂儿菊者，鹅黄色。水晶菊者，花面甚大，色白而透明。又有一种名茉莉菊者，初开花小，四瓣如茉莉，即开花，大如钱。

潜江品类甚多，有铺茸菊，色绿，其花甚大，光如茸，二月间开。

今临安有大笑菊，其花白，心黄，叶如大笑，或云郎枇杷菊。

顷在长沙，见菊亦多品，如黄色，曰御爱，笑靥，孩儿黄，满堂金，小千叶，丁香，寿安，真珠。白色，曰叠罗，艾叶球，白饼，十月白，孩儿白，银盆。大而色紫者曰荔枝菊，又有五月开者。

闻他处有所谓十样菊者，一丛之上开花凡十种，如大金钱，小金钱，金盏银台，则在在有之。如婺女，则有销金北紫菊，紫瓣，黄沿。销银黄菊，黄瓣，白沿。有乾红菊，花瓣乾红，四沿黄色，即是销金菊。三菊乃佛头菊种也。

浙间多有荷菊，日开一瓣，开足，成荷花之形。众菊未开则不开，众菊已谢则不谢。又有脑子菊，其香如脑子，花色黄，如小黄菊之类。又有茱萸菊，麝香菊，水仙菊。水仙者，即金盏银台也。

金陵有松菊，枝叶劲细如松，其花如碎金层出于密叶之上，予在豫章尝见之。

临安西马城园子，每岁至重阳谓之斗花，各出奇异，有八十余种。余不暇悉求其名，有为余于禁中大园子得菊品近六十种，多与外间同名者，姑次第之。

御袍黄菊大花头、御衣黄小花头、白佛头花早、黄佛头花晚、黄新罗、白新罗、戴笑菊即大笑菊、橙子菊、蔷薇菊、茉莉菊、楂子菊花小色黄，香如楂子、大金钱、小金钱、金盏银台、金盏金台、明州黄、泰州黄、黄素馨、白素馨、黄木香、白木香、牡丹菊、黄酴醾、白酴醾、大金黄、小金黄、夏菊花与佛头一同，五月开、桃花菊八月开、销金菊、金铃菊、蹙线菊、燕脂菊、白喜容、黄喜容、黄笑靥、白笑靥、金井银栏、金井玉栏、鹅儿菊、棣棠菊、丁香菊、万铃菊苏州出，高枝儿、玉盆菊、铁脚黄铃、黑叶儿、轻黄菊、黄缠枝、白缠枝、胜金黄、赛金钱、早紫菊四月、旱莲菊、团圆菊、柳条菊、枝亭菊枝梗甚长，用杖子撑，即篱菊一丈黄、鞍子菊双心儿牵长、碧蝉菊青色、钹儿菊一种紫梗，开早；一种青梗，开晚

◎越中品类

山阴菊隐史铸撰谱，以下诸菊之次第，所排近似失序，此盖粗以形色之高下而为列，非徒徇名而已，比之前后二目不同。凡菊之开，其形色有三节不同，谓始、中、末也。今谱中所纪，多纪其盛开之时。

黄色

胜金黄：花头大过折二钱，明黄瓣，青黄心，瓣有五六层，花片比大金黄差小，上有细脉，枝杪凡三四花，一枝之中有少从蕊。颜色鲜明，玩之能快人心目。

大金钱：开迟，大仅及折二钱，心瓣明黄一色，其瓣五层。此花不独生于枝头，乃与叶层层相间而生，香色与态度皆胜。

金丝菊：花头大过折二，深黄细瓣，凡五层一簇，黄心甚小，与瓣一色，颜色可爱。名为金丝者，以其花瓣显然起纹绺也。十月方开，此花根荄极壮。

小金黄：花头大如折二，心瓣黄皆一色。开未多日，其瓣鳞鳞六层而细，态度秀丽。经多日，则面上短瓣亦长，至于整整而齐，不止六层。盖为状先后不同也如此。

密友菊：花头大过折三，明黄阔片，花瓣形色不在诸品之下。初开时长短不齐，开及其盛乃齐，至于六层，其中如抽芽数条短短小，心与瓣为一色，状如春间黄密友花。窠株低矮，绿叶最繁密，见霜则周围叶绿变紫色。

橙菊：亦名金球菊，此品花瓣与诸菊绝异，含蕊之时状如粉团菊，黄色不甚深。其瓣成筒排竖生于萼上，后乃开作小片，婉娈至于成团。众瓣之下，又有统裙一层承之，亦犹橙皮之外包也，其中无心。愚斋云，据愚视之，橙黄菊与粉团菊必是一种，但橙小粉大，及色异耳。

大金黄：花头大如折三钱，心瓣黄，皆一色，其瓣五六层，花片亦大。一枝之杪多独生一花，枝上更无从蕊。绿叶亦大，其梗浓紫色。

侧金盏：此品类大金黄，其大过之有及一寸八分者。瓣有四层，皆整齐。花片亦阔大，明黄色，深黄心，一枝之杪独生一花，枝中更无从蕊。名以侧金盏者，以其花大而重欹侧而生也。绿叶亦大，其梗淡紫。

小金钱：开早，大于小钱。明黄瓣，深黄心，其瓣齐齐三层。花瓣展，其心则舒而为筒

御爱黄：花头大如小钱，淡黄色，其状与御袍黄相类，但此花瓣颇细，凡五六层，向上二三层，黄色鲜明，向下层浅色带微白，层层鳞次不齐。心乃明黄色，其细小料十余缕耳。

御袍黄：花头大如小钱，淡黄色，其状略观之与御爱黄相类，但此花瓣颇阔，凡五层，上下层层稍齐，心乃深黄色，比之御爱黄，细视则不同，况此心又有大小之别。

黄佛头：花头不及小钱，明黄色，状如金铃菊，中外不辨，心瓣但见混同，纯是碎叶，突起甚高，又如白佛头菊之黄心也。

九日黄：大如小钱，黄瓣黄心，心带微青，瓣有三层，状类小金钱，但此花开在金钱之前也。开时或有不甚盛者，惟地土得宜方盛。绿叶甚小，枝梗细瘦。

黄寒菊：花头大如小钱，心瓣皆深黄色，瓣有五层，甚细。开至多日，心与瓣并而为一，不止五层，重数甚多。耸突而高，其香与态度皆可爱。状类金铃菊，差大耳。

荔枝菊：花头大于小钱，明黄细瓣，层层鳞次不齐，中央无心，须乃簇簇未展，小叶至开遍凡十余层。其形颇圆，故名荔枝菊，此香清甚。姚江士友云：其花黄，状似杨梅。

茱萸菊

茉莉菊：花头巧小，淡淡黄色，一蕊只十五六瓣，或至二十片，一点绿心，其状似茉莉花，不类诸菊。叶即菊也，每枝条之上抽出十余层小枝，枝皆簇簇有蕊。

艾菊

金铃菊：花头甚小，如铃之圆，深黄一色，其干之长与人等。或言有高近一丈者，可以上架，亦可蟠结为塔，故又名塔子菊。一枝之上，花与叶层层相间有之，不独生于枝头。绿叶尖长七出，凡菊叶多五出，例皆不该。

甘菊：陶隐居云，菊有两种，一种茎紫气香而味甘，一种青茎作蒿艾气而味苦。日华子亦云，菊有两种，花大气香茎紫者为甘菊，花小气烈茎青者为野菊。杨损之云，甘者入药，苦者不任。史氏谱云，甘菊，色深黄，野菊，枝柯细瘦。刘氏谱云，甘菊，深黄，单叶，闾巷人能识之，固不待记而知。窃谓古菊，陶渊明等采于东篱，泛于酒斝，疑皆今之甘菊也。今据《本草》诸书所载，二者较然可见矣。

滴滴金：夏菊也，花头巧小，或有如折二大者，盖所产之地不同也。花瓣最细，凡二三层，明黄色，心乃深黄，中有一点微绿。自六月开至八月，俗说遍地生苗者。由花稍头露水滴而出也，故名滴滴金。予尝与好事者斸地验其根，其根即无联属，方知此说不妄。

野菊：亦有三两种，花头甚小，单层，心与瓣皆明黄色，枝茎极细，多依倚他草木而长。别有一种，其花初开，心如旱莲草，开至涉日，则旋吐出蜂须，周围蒙茸然如莲花须之状，枝茎颇大，绿叶五出，吾乡能仁寺侧府城墙上最多。

⊛ 白色

九华菊：此品乃渊明所赏之菊也，今越俗多呼为大笑，其瓣两层者，本曰九华，白瓣黄心，花头极大，有阔及二寸四五分者，其态异常，为白色之冠，香亦清胜，枝叶疏散，九月半方开，昔渊明尝言『秋菊盈园』，其诗集中仅存九华之一名。

今以重瓣大笑为九华，此得于诸士友之说。凡畦丁率皆不知，若姚江士夫又称九华为大佛顶，或谓九华绿叶与诸菊叶不相类，疑非菊之正品。然愚尝观《本草图经》所画邓州菊、衡州菊，此二名品亦皆是混净之叶，未见其有出稜角者，且古人别菊惟在于臭味，岂拘拘论其叶哉。

大笑菊：白瓣黄心，本与九华同种，其单层者为大笑，花头差小，不及两层者之大，其叶类栗木叶，亦名栗叶菊。

佛顶菊：大过折二，或如折三，单层，白瓣，突起淡黄心，初如杨梅之肉蕾，后皆舒为筒子状，如蜂窠。末后突起甚高，又且最大，枝干坚粗，叶亦粗厚，又名佛头菊。一种每枝多直生，上只一花，少有旁出枝。一种每一枝头乃分为三四小枝，各一花。

淮南菊：先得一种，白瓣，黄心，瓣有四层，上层抱心，微带黄色，下层黯淡，纯白，大不及折二，枝头一簇六七花。后又得一种，淡白瓣，淡黄心，颜色不相染惹，瓣有四层，一枝攒聚六七花，其枝杪六花如六面仗鼓相抵然，惟中央一花大于折三，余者稍小。予视之疑非一种，园丁乃言所产之地力有不同也。大率此花自有三节不同，初开花面微带黄色，中节变白，至十月开过，见霜则变淡紫色，且初开之瓣只见四层，开至多日，乃至六七层，花头亦加大焉。

酴醾菊

木香菊：大过小钱，白瓣，淡黄心，瓣有三四层，颇细，状如春架中木香花，又如初开缠枝白，但此花头舒展稍平坦耳，亦有黄色者。

粉团菊：亦名玉球菊，此品与诸菊绝异，含蕊之时浅黄色，又带微青，花瓣成筒排竖生于萼上。其中央初看一似无心，状如橙菊，盛开则变作一团，纯白色，其形甚圆，其香颇烈，至白瓣凋谢，方见瓣下有如心者，甚大，其白瓣皆匼匝出于上也，经霜则变紫色，尤佳。绿叶甚粗，其梗柔弱。

玉瓯菊：或云瓯子菊，即缠枝白菊也。其开层数未及多者，以其花瓣环拱如瓯盏之状也，至十月经霜则变紫色。

金盏银台：大如折二，此以形色而为名也，惟初开似之，烂开则其状辄变。

寒菊：大过小钱，短白瓣，开多日其瓣方增长，明黄心，心乃攒聚碎叶，突起颇高，枝条柔细，十月方开。

徘徊菊：淡白瓣，黄心，色带微绿，瓣有四层。初开时先吐瓣三四片，只开就一边，未及其余。开至旬日，方及周遍，花头乃见团圆。按，字书『徘徊』为『不进』，此花之开，亦若是矣，其名不妄。十月初方开，或有一枝花头多者，至攒聚五六颗，近似淮南菊。

银盘菊：白瓣二层，黄心突起颇高，花头或大或小不同，想因其地有肥瘠之故也。

轮盘菊

⊛红色

桃花菊：又名桃红菊，花瓣如桃花，粉红色，一蕊凡十三四片，开时长短不齐，经多日乃齐。其心黄色，内带微绿。此花嗅之无香，惟捻破闻之，方知有香。至中秋便开，开至十余日，渐变为白色，或生青虫食其花片，则衰矣。其绿叶，甚细小。

绣菊

石菊：即古之大菊也，花瓣五出，有紫色者，有深红色者，有深红粉绿者，各有种也。其萼长而小，其茎有节，其叶亦颇类竹，故又名石竹。诸色皆自五月而开，惟紫色者开至八九月方衰。或云石菊结实为蘧麦，愚按，《尔雅》云，『大菊，蘧麦也。』《本草》云，『瞿麦，一名大菊。』陶隐居士，『一茎生细叶，花红紫赤可爱，子颇似麦。』日华子云，『又名石竹，《本草图经》曰，生泰山及淮甸，今处处有之。苗高一尺以来，叶尖小，二月至五月开，七月结实，颇似麦，故名之。』

予以本土所产石菊，参照《尔雅》、《本草》所言，大菊之形色固相似矣，然本土所产者，初未审有实无实为疑，遂问诸老圃，皆云未尝有结实者。至甲辰八月，予于僧舍见紫色一种，就摘花瓣，脱尽一残萼，捻破验其子之有无，其中果有一粒如细麦者存焉，粒中仍有如掏之一痕，易为辨认，次以摘花瓣未脱者一萼亦捻破验之，其中所存者，与前一同。陶隐居又云，『立秋采实，实中子至细。』故予今捻破其萼以视实，复捻破其实以视中有何物，果见有如虾子者，细不可数也。予初为老圃所惑，故详记之。按，刘蒙《说疑》曰，『瞿麦为大菊，此乃妄滥窃名者，皆所不取。』愚斋亦云，此品石菊初以其花与蕊比之诸品不同，且颜色夭冶，兼乏芬馥清致，当以格外菊处之，亦列此名于滥号品中。后考结实有据，乃知即古之大菊也。窃以《尔雅》、《本草》既载其名，其来也远，以是论之，非所宜轻，于是升于正品红色之后云。

滥号

孩儿菊：白瓣黄心，其状与诸菊迥然不同，自七月开至九月，其叶甚纤。按，刘氏谱其后《叙遗》乃言，『孩儿菊，粉红色』，如此则比越中所有者不同也。按，史氏谱入此于红紫品中。愚今以本土所出者，品格最下，兼之无香可取，故降于是也。或言此花与叶既不类菊，而世俗皆呼为孩儿菊者，何也？予意其名以孩儿者为品卑微之谓也，呼以为菊者，敷荣能久之谓也。或谓此花本名鹅儿菊。

假名

春菊：蒿菜花是也，三月末开，花头大及二寸，金彩鲜明，不减于菊。东岳社会日，人取以妆花檐花篮，即此物也。

紫菊：马兰花是也，八九月开。《大观本草》云，生泽旁。北人见其花呼为紫菊，以其花似菊而紫也。玉峰先生汪择善诗集又以旱莲亦名紫菊，有诗一篇。愚窃谓此二花其物性不同，以马兰花为菊，而马兰亦有疗疾之功，使其名益著，可也。以旱莲为菊，胡不知有害人之毒？黜其名可也。

观音菊：天竺花是也，此非南天竺，或呼为落帚花，亦非也，落帚别是一种。自五月开至七月，花头细小，其色纯紫，枝叶如嫩柳，其干之长与人等。或呼为观音菊，盖取钱塘有天竺观音之义也。

绣线菊：厌草花是也，花头碎紫，成簇而生，心中吐出素缕，如线之大，自夏至秋有之。俗呼为厌草花，或云若人带此花赌博，则获其胜，故名之。古有厌胜法。

◎列诸谱外之菊一十名

愚皆记其所得之自，今尽类入卷首之品

九华菊：见靖节先生集，此一品今新入越谱。

凌风菊：黄色，见山谷诗。

柑子菊：黄色，见陈后山诗。

杨妃裙：黄色，见徐仲车诗。

蜡梅菊：见闻人善言《菊乡公暇集》。

朝天菊：见洪氏《琼野录》。

珠子菊：白色，见《本草》注云，南京有一种开小花，花瓣下如小珠子。

丹菊：见《初学记》，嵇含菊铭云，『煌煌丹菊，暮秋弥荣。』

鹭鸾菊：士友云，严州多菊，此品严州有之。花如茸毛，纯白色，中心有一丛簇起，如鹭鸾头。

襄阳红：士友云，并蒂双头，亦一种菊也，九江彭泽有之。

今荣王府，皇弟大王居邸之侧有园曰琼圃，池曰瑶沼，皆赐御书为匾，如园内异菊尤为不少，但未得其名，今姑门其左，当俟他日列之。

附 芍药谱

江都王观著

天地之功，至大而神，非人力之所能窃胜。惟圣人惟能体法其神，以成天下之化，其功盖出其下，而曾不少加以力，不然，天地固亦有间而可穷其用矣。予尝论天下之物，悉受天地之气以生，其小大长短，辛酸甘苦，与夫颜色之异，计非人力之可容致巧于其间也。今洛阳之牡丹、维阳之芍药，受天地之气以生，而小大浅深，一随人力之工拙，而移其天地所生之性，故奇容异色，间出于人间，以人而盗天地之功而成之，良可怪也。然而天地之间，事之纷纭出于其前不得而晓者，此其一也。洛阳土风之详，已见于今欧阳公之记，而此不复论。维扬太抵土壤肥腻，于草木为宜。《禹贡》曰：『厥草惟夭是也。』居人以治花相尚，方九月十月时，悉出其根，涤以甘泉，然后剥削老硬病腐之处，揉调沙粪以培之，易其故土，凡花大约三年或二年一分，不分，则旧根老硬，而侵蚀新芽，故花不成就。分之数，则小而不舒。不分与分之太数，皆花之病也。花之颜色之深浅，与叶蕊之繁盛，皆出于培壅剥削之力。花既萎落，亟剪去其子，屈盘枝条，使不离散，故脉理不上行而皆归于根，明年新花繁而色润泽。花根窠多不能致远，惟芍药及时取根，尽取本土，贮以竹席之器，虽数千里之远，一人可负数百本而不劳。至于他州，则壅以沙粪，虽不及维扬之盛，而颜色亦非他州所有者比也。亦有逾年即变而不成者，此亦系夫土地之宜不宜，而人力之至不至也。花品旧时龙兴寺山子、罗汉、观音、弥陀之四院，冠于此州，其后民间稍稍厚赂以丐其本，壅培治事，遂过于龙兴之四院。今则有朱氏之园，最为冠绝，南北二圃所种，几于五六万株，意其自古种花之盛，未之有也。朱氏当其花之盛开，饰亭宇以待来游者，逾月不绝，而朱氏未尝厌也。扬之人与西洛不异，无贵贱皆喜戴花，故开明桥之间，方春之月，拂旦有花市焉。州宅旧有芍药厅，在都厅之后，聚一州绝品于其中，不下龙兴、朱氏之盛。往岁州将召移，新守未至，监护不密，悉为人盗去，易以凡品，自是芍药厅徒有其名尔。今芍药有三十四品，旧谱只取三十一种。如绯单叶、白单叶、红单叶，不入名品之内。其花皆六出，维扬之人甚贱之。余自熙宁八年季冬守官江都，所见与夫所闻，莫不详熟，又得八品焉，非平日三十一品之比，皆世之所难得，今悉列于左。旧谱三十一品，分上中下七等，此前人所定，今更不易。

◎上之上

⊛冠群芳

大旋心冠子也。深红，堆叶，顶分四五叶，其英密簇，广可及半尺，高可及六寸，艳色绝妙，可冠群芳，因以名之。枝条硬，叶疏大。

⊛赛群芳

小旋心冠子也。渐添红而紧小，枝条及绿叶并与大旋心一同。凡品中言大叶、小叶、堆叶者，皆花叶也；言绿叶者，谓枝叶也。

⊛宝妆成

冠子也。色微紫，于上十二大叶中，密生曲叶，回环裹抱团圆。其高八九寸，广半尺余，每小小叶上，络以金线，缀以玉珠，香欺兰麝，奇不可纪。枝条硬而叶平。

⊛尽天工

柳浦青心红冠子也。于大叶中小叶密直，妖媚出众。傥非造化，无能为也，枝硬而绿叶青薄。

⊛晓妆新

白缬子也。如小旋心状，顶上四向，叶端点小殷红色，每一朵上，或三点、或四点、或五点，象衣中之点缬也。绿叶甚柔而厚，条硬而绝低。

⊛点妆红

红缬子也。色红而小，并与白缬子同，绿叶微似瘦长。

◎上之下

⊛叠香英

紫楼子也。广五寸，高盈尺，于大叶中细叶二三十重，上又耸大叶如楼阁状。枝条硬而高，绿叶疏大而尖柔。

⊛积娇红

红楼子也。色淡红，与紫楼子不相异。

◎中之上

醉西施

大软条冠子也。色淡红，惟大叶有类大旋心状。枝条软细，渐以物扶助之。绿叶色深厚，疏而长以柔。

道妆成

黄楼子也。大叶中深黄，小叶数重，又上展淡黄大叶。枝条硕而绝黄，绿叶疏长而柔，与红紫稍异。此品非今日小黄楼子也，乃黄丝头中盛则或出四五大叶，盖本非黄楼子也。

菊香琼

青心玉板冠子也。本自茅山来，白英团掬，坚密平头。枝条硬而绿，叶短且光。

素妆残

退红茅山冠子也。初开粉红，即渐退白，青心而素淡，稍若大软条冠子。绿叶短厚而硬。

试梅妆

白冠子也。白缬中无点缬者是也。

浅妆匀

粉红冠子也。是红缬中无点缬者也。

◎中之下

醉娇红

深红楚州冠子也。亦若小旋心状，中心则堆大叶，叶下亦有一重金线。枝条高，绿叶疏而柔。

拟香英

紫宝相冠子也。紫楼子心中，细叶上不堆大叶者。

妒娇红

红宝相冠子也。红楼子心中，细叶上不堆大叶者。

缕金囊

金线冠子也。稍似细条深红者，于大叶中细叶下，抽金线，细细相杂，条叶并同深红冠子者。

◎下之上

怨春红

硬条冠子也。色绝淡，甚类金线冠子而堆叶。条硬而绿，叶疏平，稍若柔。

妒鹅黄

黄丝头也。于大叶中一簇细叶，杂以金线。条高，绿叶疏柔。

蘸金香

蘸金蕊紫单叶也。是髻子开不成者，于大叶中生小叶，小叶尖蘸一线金色是也。

试浓妆

绯多叶也。绯叶五七重，皆平头。条赤而绿，叶硬，皆紫色。

下之中

宿妆殷

紫高多叶也。叶条花并类绯多叶，而枝叶绝高，平头。凡槛中虽多，无先后开，并齐整也。

取次妆

淡红多叶也。色绝淡，条叶正类绯多叶，亦平头也。

聚香丝

紫丝头也。大叶中一丛紫丝细细是也。枝条高，绿叶疏而柔。

簇红丝

红丝头也。大叶中一簇红丝细细是也，枝叶并同紫者。

◎下之下

⊛效殷妆

小矮多叶也。与紫高多叶一同，而枝条低，随燥湿而出，有三头者、双头者、鞍子者、银丝者，俱同根，而土地肥瘠之异者也。

⊛会三英

三头聚一蕚而开。

⊛合欢芳

双头并蒂而开，二朵相背也。

⊛拟绣鞯

鞍子也。两边垂下如所乘鞍状，地绝肥而生。

⊛银含稜

银缘也。叶端一稜白色。

◎新收八品

⊛御衣黄

黄色浅而叶疏，蕊差深，散出于叶间，其叶端色又微碧，高广类黄楼子也。此种宜升绝品。

⊛黄楼子

盛者五七层，间以金线，其香尤甚。

⊛袁黄冠子

宛如髻子，间以金线，色比鲍黄。

⊛峡石黄冠子

如金线冠子，其色深如鲍黄。

⊛鲍黄冠子

大抵与大旋心同，而叶差不旋，色类鹅黄。

⊛杨花冠子

多叶白心，色黄，渐拂浅红，至叶端则色深红，间以金线。

⊛湖缬

红色，深浅相杂，类湖缬。

⊛黾池红

开须并萼，或三头者，大抵花类软条也。

◎后论

维扬，东南一都会也，自古号为繁盛。自唐末乱离，群雄据有，数经战焚，故遗基废迹，往往芜没而不可见。今天下一统，井邑田野，虽不及古之繁盛，而人皆安生乐业，不知有兵革之患。民间及春之月，惟以治花木、饰亭榭，以往来游乐为事，其幸矣哉。扬之芍药甲天下，其盛不知起于何代，观其今日之盛，古想亦不减于此矣。或者以谓自有唐若张祐、杜牧、卢仝、崔涯、章孝标、李嵘、王播，皆一时名士，而工于诗者也，或观于此，或游于此，不为不久，而略无一言一句以及芍药，意其古未有之，始盛于今，未为通论也。海棠之盛，莫甚于西蜀，而杜子美诗名又重于张祐诸公，在蜀日久，其诗仅数千篇，而未尝一言及海棠之盛。张祐辈诗之不及芍药，不足疑也。芍药三十一品，乃前人之所次，余不敢辄易。后八品，乃得于民间而最佳者。然花之名品，时或变易，又安知止此八品而已哉？后将有出兹八品之外者，余不得而知，当俟来者以补之也。

◉附 洛阳牡丹记

宋庐陵欧阳修述

◎花品叙第一

牡丹出丹州、延州，东出青州，南亦出越州，而出洛阳者，今为天下第一。洛阳所谓丹州花、延州红、青州红者，皆彼土之尤杰者，然来洛阳，才得备众花之一种，列第不出三已下，不能独立与洛花敌。而越之花以远罕识不见齿，然虽越人亦不敢自誉以与洛阳争高下。是洛阳者，是天下之第一也。洛阳亦有黄芍药、绯桃、瑞莲、千叶李、红郁李之类，皆不减他出者，而洛阳人不甚惜，谓之果子花，曰某花云云，至牡丹则不名，直曰花。其意谓天下真花独牡丹，其名之著，不假曰牡丹而可知也，其爱重之如此。

说者多言洛阳于三河间，古善地。昔周公以尺寸考日出没，测知寒暑风雨乖与顺于此，此盖天地之中，草木之华，得中气之和者多，故独与他方异。予甚以为不然。夫洛阳于周所有之土，四方入贡道里均，乃九州之中，在天地昆仑旁礴之间，未必中也。又况天地之和气，宜遍四方上下，不宜限其中以自私。

夫中与和者，有常之气。其推于物也，亦宜为有常之形。物之常者不甚美，亦不甚恶，及元气之病也，美恶隔并而不相和入，故物有极美与极恶者，皆得于气之偏也。花之钟其美，与夫瘿木拥肿之钟其恶，丑好虽异，而得一气之偏病则均。洛阳城围数十里，而诸县之花莫及城中者，出其境则不可植焉。岂又偏气之美者，独聚此数十里之地乎？此又天地之大不可考也已。凡物不常有而为害乎人者曰灾，不常有而徒可怪骇不为害者曰妖，语曰：『天反时为灾，地反物为妖』，此亦草木之妖，而万物之一怪也。然比夫瘿木臃肿者，窃独钟其美而见幸于人焉。

余在洛阳，四见春。天圣九年三月，始至洛。其至也晚，见其晚者。明年，会与友人梅圣俞游嵩山少室、缑氏岭、石唐山、紫云洞，既还，不及见。又明年，有悼亡之戚，不暇见。又明年，以留守推官，岁满解去，只见其早者。是未尝见其极盛时，然目之所瞩，已不胜其丽焉。

余居府中时，尝谒钱思公于双桂楼下，见一小屏立坐后，细书字满其上。思公指之曰：『欲作花品，此是牡丹名，凡九十余种。』余时不暇读之。然余所经见而今人多称者，才三十余种。不知思公何从而得之多也。计其余，虽有名而不著，未必佳也。故今所录，但取其特著者而次第之。

姚黄、魏花、䩞红亦曰青州红、牛家黄、潜溪绯、左花、献来红、叶底紫、鹤翎红、添色红、细叶寿安、倒晕檀心、朱砂红、九蕊真珠、延州红、多叶紫、粗叶寿安、丹州红、莲花萼、一百五、鹿胎花、甘草黄、一擫红、玉板白

◎花释名第二

牡丹之名，或以氏，或以州，或以地，或以色，或旌其所异者而志之。姚黄、左花、魏花以姓著；青州、丹州、延州红以州著；细叶、粗叶、寿安、潜溪绯以地著；一擫红、鹤翎红、朱砂红、玉板白、多叶紫、甘草黄以色著；献来红、添色红、九蕊真珠、鹿胎花、倒晕檀心、莲花萼、一百五、叶底紫皆志其异者。

河阳。姚黄者，千叶黄花，出于民姚氏家。此花之出，于今未十年。姚氏居白司马坡，其地属河阳。然花不传河阳，传洛阳，洛阳亦不甚多，一岁不过数朵。

牛黄，亦千叶，出于民牛氏家，比姚黄差小。真宗祀汾阴，还过洛阳，留宴淑景亭，牛氏献此花，名遂著。

甘草黄，单叶，色如甘草。洛人善别花，见其树知为某花云。独姚黄易识，其叶嚼之不腥。

鞓红者，单叶，深红花，出青州，亦曰青州红。故张仆射齐贤有第西京贤相坊，自青州以馲驼驮其种，遂传洛中。其色类腰带鞓，谓之鞓红。

献来红者，大多叶，浅红花。张仆射罢相居洛阳，人有献此花者，因曰献来红。

添色红者，多叶，花始开而白，经日渐红，至其落乃类深红，此造化之尤巧者。

鹤翎红者，多叶，花其末白而本肉红，如鸿鹄羽色。

细叶、粗叶、寿安者，皆千叶肉红花，出寿安县锦屏山中，细叶者尤佳。

倒晕檀心者，多叶，红花。凡花近萼色深，至其末渐浅。此花自外深色，近萼反浅白，而深檀点其心，此尤可爱。

一擫红者，多叶，浅红花。叶杪深红一点，如人以二指擫之。

九蕊真珠红者，千叶，红花，叶上有一白点如珠，而叶密蹙其蕊焉。

一百五者，多叶，白花，洛花以谷雨为开候，而此花常至一百五日开，最先。

丹州延州花者，皆千叶红花，不知其至洛之因。

莲花萼者，多叶红花，青趺三重，如莲花萼。

左花者，千叶紫花，叶密而齐如截，亦谓之平头紫。

朱砂红者，多叶红花，不知其所出，有民门氏子善接花以为生，买地于崇德寺前治花圃，有此花。洛阳豪家尚未有，故其名未甚著。花叶甚鲜，向日视之如猩血。

叶底紫者，千叶紫花，其色如墨，亦谓之墨紫。花在丛中旁必生一大枝，引叶覆其上。其开也，比他花可延十日之久。噫！造物者亦惜之耶？此花之出，比他花最远。传云：唐末有中官为观军容使者，花出其家，亦谓之军容紫，岁久失其姓氏矣。

玉板白者，单叶白花，叶细长如拍板，其色如玉而深檀心。洛阳人家亦少有。余尝从思公至福严院见之，问寺僧而得其名，其后未尝见也。

潜溪绯者，千叶绯花，出于潜溪寺，寺在龙门山后，本唐相李藩别墅。今寺中已无此花，而人家或有之。本是紫花，忽于丛中特出绯者，不过一二朵，明年移在他枝。洛人谓之转音篆枝花，故其接头尤难得。

鹿胎花者，多叶紫花，有白点如鹿胎之纹故，苏相禹珪宅今有之。

多叶紫，不知其所出。初姚黄未出时，牛黄为第一。牛黄未出时，魏花为第一。魏花未出时，左花为第一。左花之前，惟有苏家红、贺家红、林家红之类，皆单叶花，当时为第一。自多叶千叶花出后，此花黜矣，今人不复种也。牡丹初不载文字，惟以药载《本草》，然于花中不为高第。大抵丹延已西及褒斜道中尤多，与荆棘无异。土人皆取以为薪。自唐则天已后，洛阳牡丹始盛，然未闻有以名著者。如沈、宋、元、白之流，皆善咏花草，计有若今之异者，彼必形于篇咏，而寂无传焉。唯刘梦得有咏鱼朝恩宅牡丹诗云，但云『一丛千万朵』而已，亦不云其美且异也。谢灵运言，『永嘉竹间水际多牡丹』，今越花不及洛阳甚远，是洛花自古未有若今之盛也。

◎风俗记第三

洛阳之俗，大抵好花，春时城中无贵贱，皆插花，虽负担者亦然。花开时，士庶竞为游遨。往往于古寺废宅有池台处，为市井张握帟，笙歌之声相闻。最盛于月陂堤、张家园、棠棣坊、长寿寺、东街与郭令宅，至花落乃罢。洛阳至东京六驿，旧不进花，自今徐州李相迪为留守时始进御。岁遣牙校一员，乘驿马，一日一夕至京师，所进不过姚黄、魏花三数朵。以菜叶实竹笼子藉覆之，使马上不动摇，以蜡封花蒂，乃数日不落。大抵洛人家家有花，而少大树者，盖其不接则不佳。春初时，洛人于寿安山中斫小栽子卖城中，谓之山篦子。人家治地为畦塍种之，至秋乃接，接花工尤著者一人，谓之门园子，豪家无不邀之。姚黄一接头直钱五千，秋时立券买之，至春见花，乃归其直。洛人甚惜此花，不欲传。有权贵求其接头者，或以汤中蘸杀与之。魏花初出时，接头亦值钱五千，今尚直一千。接时须用社后重阳前，过此不堪矣。花之木去地五七寸许，截之乃接，以泥封裹，用软土拥之，以蒻叶作庵子罩之，不令见风日，惟南向留一小户以达气，至春乃去其覆。此接花之法也用瓦亦可。种花必择善地，尽去旧土，以细土用白敛末一斤和之。盖牡丹根甜，多引虫食，白敛能杀虫。此种花之法也。浇花亦自有时，或用日未出，或日西时，九月旬日一浇，十月十一月三日二日一浇，正月隔日一浇，二月一日一浇。此浇花之法也。一本发数朵者，择其小者去之，只留一二朵，谓之打剥，惧分其脉也。花才落，便剪其枝，勿令结子，惧其易老也。春初既去蒻庵，便以棘数枝置花丛上，棘气暖可以辟霜，不损花芽，他大树亦然。此养花之法也。花开渐小于旧者，盖有蠹虫损之，必寻其穴，以硫黄簪之其旁，又有小穴如针孔，乃虫所藏处，花工谓之气窗，以大针点硫黄末针之，虫乃死，花复盛。此医花之法也。乌贼鱼骨用以针花树，入其肤，花辄死。此花之忌也。

第五卷 花之候

槜李 仲遵 王路 纂修

寒暑、朝暮、春秋、年月、日时，各有纪律。

卷五索引

花诏

武后天受二年腊，将游上苑，遣诏曰：『明朝游上苑，火急报春知，花须连夜发，莫待晚风吹。』凌晨名花布苑。

按，武后冬月游后苑，花俱开，而牡丹独迟，遂贬于洛阳，故牡丹称洛阳第一。

花信

梁元帝《纂要》：二十四番花信，一月两番花信，阴阳寒暖各随其时，但先期一日有风雨微寒者即是。其花则鹅儿、木兰、李花、玚花、槿花、桐花、金樱、黄芀、楝花、荷花、槟榔、蔓罗、菱花、木槿、桂花、芦花、兰花、蓼花、桃花、枇杷、梅花、水仙、山茶、瑞香，其名俱存，然难以配四时十二月，姑存其旧，盖通一岁言也。

【又】荆楚岁时记

小寒三信：梅花、山茶、水仙；大寒三信：瑞香、兰花、山矾；立春三信：迎春、樱桃、望春；雨水三信：菜花、杏花、李花；惊蛰三信：桃花、棣棠、蔷薇；春分三信：海棠、梨花、木兰；清明三信：桐花、麦花、柳花；谷雨三信：牡丹、荼蘼、楝花。此后立夏矣，此小寒至立夏之候也。

⊛花诀 十二月

【正月】

扦插：地棠、栀子、锦带、木香、紫薇、白薇、石榴、玫瑰、银杏、金雀、樱桃、西河柳。

移植：木兰。

接换：海棠、腊梅、梨花、梅花、桃花、杏花、李花、黄蔷薇 宜雨水后。

压条：杜鹃、白茶、木樨 凡可扦者皆可压。

下种：杏、茄。

浇灌：牡丹、瑞香、芍药、桃、杏、李。

培壅：石榴、海棠、梨。

整顿 元旦鸡鸣，将火遍烧一切，花木则无虫侵之患。是日将斧驳树皮，则结子不落。月内修去一切果木繁枝枯干

过贴 月内接换者皆可贴，但取叶相似，意相似者尤佳。凡栽果木宜上旬，南风火日不可栽种

【二月】

分栽：萱花、紫荆、杜鹃、芭蕉、百合、菊花、凌霄、迎春、甘菊、映山红、甘露子。

扦插：芙蓉、瑞香、栀子、柳枝。

接换：木樨、海棠、桃、梅、杏、李、梨、紫丁香。宜在春分前后

下种：秋葵、凤仙、金钱、枸杞、藕秧、十样锦、老少年、剪春罗、剪秋罗。

浇灌：牡丹、芍药、瑞香。可培壅皆可浇

培壅：木樨。用猪粪和土壅

整顿 社日杵春百菓树根，则结子不落

过贴 月内凡可扦可接者，皆宜过贴

【三月】

分栽：芙蓉、芭蕉、石榴、紫萼。

移植：木樨、秋海棠。

下种：鸡冠、紫草、绵花。

整顿：菖蒲。出窨，剔去垢，无风处深水养之，盆安置房屋，不可缺水，虎刺见天

过贴：玉兰、石榴、夹竹桃。用大竹管寔秧内，肥泥灌之，二三年根满，八月剪下种盆

【四月】此月伐木不蛀

分栽：石菖蒲、秋牡丹、翠长草。

移植：秋海棠、栀子、菊上盆、茉莉换盆。

扦插：栀子、木香、锦葵、荼蘼。宜雨中

压条：木樨、玉蝴蝶、玉绣球。

收种：罂粟子、芫荽子、萝葡子。

整顿 素馨立夏日出窨，菖蒲十四日剪净或分栽换盆

【五月】

分栽：水仙、素馨、紫兰。

扦插：石榴、锦带、月季、棣棠、西河柳。

收种：萱花、红花、金银花、罂粟子、水仙根。

【六月】

接换：樱桃、桃、、梨。

下种：桃、梅、李、杏。向阳处掘坑，浇粪于内，将核尖头向上排定，再用粪土覆之，春发可移

【七月】

接换：海棠、林檎、小春桃。

下种：罂粟、蜀葵、腊梅子、水仙。猪泥粪浇

浇灌　桂树阴处可浇轻粪，和水三分之二，向阳减粪添水

【八月】

分栽：芍药、百合、山丹、水仙、木笔、石菊、海棠、玫瑰。并宜在秋分后

移植：牡丹、早梅、丁香、枸杞、枇杷、木樨。带雨栽活，已上宜秋分后。

扦插　诸色蔷薇皆可扦插，雨中更妙

接换：牡丹、海棠、小春桃、绿萼梅。

浇灌：牡丹、瑞香、芍药。并宜猪粪

整顿　牡丹每枝有三四根，修去余者，菊加土，芍药去旧梗，兰换盆分栽，茉莉入窨，水仙遮护风霜，

诸果木待春移植

【九月】

分栽：水仙、桃树、樱桃。俱霜降后 芍药、牡丹。宜上旬

移植：腊梅、山茶、枇杷。可分栽者皆可移

整顿 芭蕉用稻草包梗，明春长盛有花

【十月】

分栽：荼蘼、棣棠、宝相、锦带、木香、海棠、牡丹、蔷薇、芍药、萱花。俱宜上旬

移植：蜀葵、橘子。可分栽者皆可移植

压条：海棠、桑皮。

收种：枸杞。藏芙蓉条斫长尺许，用稻草隐盖于向阳处，上盖细泥，来年二月取扦如前

浇灌：牡丹、水仙、山茶、石榴、芍药。

培壅 樱桃肥土培之、苧牛马粪培

整顿 兰花、菖蒲入窨，夹竹桃入暖室，虎刺入箸，菊入室

【十一月】

分栽：腊梅、萬苣。

移植：松桧。冬至后、春社前，移之易活，诸花果皆可移

培壅：牡丹、石榴、芍药、梨。俱培厚土

整顿 荼蘼、蔷薇芟去嫩条，木香芟去细条，瑞香见日，不可见霜

【十二月】

移植：山茶、玉梅、海棠。

扦插 石榴廿五日妙、蔷薇、月季、十姊妹、木香 札栏杆，六月亦可，非两月内，则蔷薇、木香，皆生嫩条，不成花矣

整顿 伐竹木不蛀，晦夜用斧班驳杂斫，则子繁不落，或以大石压生果树叉中，亦繁不落

治菊 月令

【正月】

立春数日，将隔年酵过肥松净土，用浓粪再酵二次，令深二尺，以伺分种之需。若旧种在盆或旧地，切不可移动仍用草，护老本，新秧早发而壮大矣。

【二月】

二月初旬，冰雪半消，此时除去护草，春分后将前酵之地倒松，再用大粪酵之，择新长可分菊苗，逐茎分开，相去五六寸一根，每早汲河水浇活。凡奇花必发苗，少务用心看种。一法用杉木一块，钻孔，用梗插入孔中，木上薄加肥土，木下透根少许，漂浮水缸中，待其根生，移种盆上，缉理长成，亦不断种，可望花矣。

【三月】

谷雨前三日，择前秧长壮正直者，搬种筑酵熟所植之地，比平地高尺许，相去尺余掘之，一枝每穴加粪一杓，搪掗如法，方可搬秧，植之四围，余土锄爬壅根高如馒头样，令易泻水，周围必留深沟泄水。但雨过，不拘何月，务要积沟之水疏通流别处，不分在地在盆，即以酵熟干土壅根。如久雨，盆种可移置檐下，或用篾箍瓦作盆埋地，令一半入土，内使地气相接，水不停积。先将肥土倒松，填二三分于盆，加浓粪一杓，后搬菊秧植之，再将前土填满，亦壅如馒头样。又一法以肥松土，用细筛筛入甑，用水烧蒸二三沸，取起倒出晒干，入盆植菊，能杀虫，无侵蚀之患。其秧搬时，每株根边必带故土，周方寸，使其不知迁动，或用叶，或用碎瓦盖其根土，以防雨溅，泥污青叶。叶上有泥，须将水洗净，各月皆然。种后必隔一日，早用河水和粪浇之，又要搭棚遮蔽日色，以度其生，遇雨露揭去。

【四月】

小满前后，菊嫩，头上多生小蜘蛛，每早起寻杀之。又有一种名曰菊牛，日未出时惯咬菊头，其头日照即垂，视其咬处去寸许，必掐去，无害，迟则生蛀虫。外虽不见其蠹，过风雨必折。又有一等细蚁侵蛀菊木，须用洗过鲜鱼水洒叶上，或浇土上则除。菊长寸四寸五，每株用坚直小篱竹近插菊根，以软草宽缚定，使菊本正直。菊有大小不齐，高大者先掐去母头，令其分长子头，瘦短者隔几日去之。每本止留四五头，多止六七头，以防损折，接菊在此月也。

【五月】

夏至用浓粪七分、河水三分浇之，夏至过，照前法再去头，止留六七枝为止。若枝繁者，多留一二，以防损折。每早浇溉，止用鸡鹅毛汤并缫丝汤盛缸中作腐，内投韭菜一把，或枇杷核，则其毛烂尽，取其清水浇之。或洗鲜肉，或菜饼屑水，取其冷者灌之。不可犯酒醋油盐物触之。菊最畏梅雨，此尤宜顾忌者。

【六月】

六月大暑中，每早止用河水浇以鸡鹅毛冷汤轮灌，若盆中生蚯蚓、地蚕等，看去根远近，掘出杀之。近根难灭者用粪灌之，尤欲促死。虫断，仍用河水连浇数日，大抵此月天热粪燥，不可用粪多，则头笼青叶皆损矣。

【七月】

七月有等蚕样青虫，与叶一色，善食叶，宜早起杀之。此虫五六月间亦多有之，立秋后三五日，不论其枝长短，并不可损。若枝有参差者，将长枝以大针戳眼，拔去其根，针即以细篾丝一段插入眼内拴住，待短者长齐，然后抽去篾丝，并长可玩。菊之本原有参商，大者不用粪浇，瘦者和粪浇之，促长以成行列。

【八月】

八月间有狂风骤雨，每本再拣坚直篱竹绑定，用莎草从根缚定二三节，勿令摇动伤残。白露后发生蓓蕾蕊头，将上大者一枚留之，余皆摘去。选时必须在左手双指撚梗，后以右手指甲掐蕊，勿令放手剔落。既结蕊，隔二三日用浓粪灌之，则花大色浓。

【九月】

九月，蕊定将开之际，必用搭棚遮风霜，花乃悠久，色亦不衰。如未开，亦不可将本移动，则漏泄其气。花开间有不足，磨硫黄水浇根，经夜即发。

【十月】

十月十旬，菊花已残，将绑缚腐竹撤去，好者留备来年用。本上枯花小枝并折去，止留花干少许，勿使折迟伤残。苗裔此时悉用乱穰草盖护冰霜。每本置小木牌记名色，来春分种，庶不摇乱。

【十一月】

十一月中旬未冻之时，择高阜地倒松，深二尺许，拣去瓦石等，用粪三四十次酵肥，绿菊最喜新土，怕宿土，必须一年一换，盆中亦然，否则春间虽活，经梅雨必死。酵完用旧藁荐盖之，勿令泄气减力。

【十二月】

十二月初旬，看菊本盖少处，再加厚护，以防霜雪。及天日和暖，用粪搪挜菊本四边，莫令着根。春到发扬，则苗群然长茂矣。月中若交立春，粪即少用。

⊛芍药

芍药荣于仲春，华于孟夏惊蛰之节后二十有五日。芍药荣是也，《素问》王冰注『雷乃发声』之下，有『芍药荣』。

【又】

种法：以八月起根，去土，以竹刀剖开，勿伤细根，先壤猪粪和砻糠黑泥入盆，分根栽种，勿密，更以人粪灌之，来春花发极盛，然须三年一分，俱以八月为候。分法处暑为上，八月为上中，九月为下。谚云：『春分分芍药，到老不成花。』必处暑与八月则津液在根可分，最不可犯铁器。自立春至秋分前，其津液散溢在外，不宜摇动。须种向阳处。分种时根不欲深，深则花发不旺；不可远，远则夏日炙土太干，花根受热；不可近，近则枝苗相倚，不透风日，其下短枝不沾雨露。春间看花蕊，圆而实则留之，虚大者必无花，去之。新栽者，止留一二蕊，候一二年，花得地气，可留四五蕊，多则不成千叶矣。

培法：种后以十二月用鸡粪和土培之，仍渥以黄酒为度，则花能改色。开时须竹竿扶之，不令倾侧，有雨则以棚遮蔽，免速零落。

修法：每至花谢，用剪剪去残枝败叶，勿令讨力，使元气归根。九十月时，洗出老梗腐黑之根，易以新壤肥土栽之。冬日宜护，不宜浇。

⊛款冬花

菟溪颗涷郭氏曰：款涷也，紫赤华，生水中，盖款涷叶似葵而大，丛生，花出根下，十一十二月雪中出花。《述征记》曰：洛水至岁凝厉，则款冬茂悦曾冰之中。盖至阴之物，能反至阳，故玉札畏款冬也。《楚辞》曰：『款冬而生兮，凋彼叶柯』，万物丽于土，而款冬独生于冻下，百草荣于春，而款冬独荣于雪中，以况附阴背阳，为小人之类。至傅咸作《款冬赋》，称其『华艳春晖，既丽且殊，以坚冰为膏壤，吸霜雪以自濡』，则又赏其禀精淳粹，不变于寒暑为可贵，所取义各异也。

⊛兰花

刘次庄说《乐府》又引《离骚》『秋兰兮青青，绿叶兮紫茎』，以为沅、沣所生，花在春则黄，在秋则紫，春黄不若秋紫之芳馥。叶如莎首春则茁，其芽长五六寸，其杪作一花，花甚芳香。江南兰只在春芳，荆楚及闽中者，秋复再芳，故有春兰、秋兰。至其绿叶紫茎，则如今所见，大抵林愈深，而茎愈紫尔。

【又】

春三二月无霜雪时，放盆在露天，四面皆得浇水，日晒不妨，逢十分大雨，恐坠其叶，用小绳束起。如连雨三五日，须移避雨通风处。四月至八月，须用疏密得所竹篮遮护，容见日色通风。

梅天忽逢大雨，须移盆向背日处。若雨过即晒，盆内水热，则荡叶伤根。

花开，若枝上蕊多，去其瘦小。留开尽，则夺来年花信矣。

九月花干处用水浇灌，湿则不必。十月至正月不浇不妨。最怕霜雪，更怕春雪，一点着叶，一叶就毙，用密篮遮护，安顿朝阳日照处，南窗檐下，须两三日一番旋转，取其日晒均匀，则四面皆花。

栽兰用泥，不管四时，用山上有火烧处，取水流下火烧浮泥。寻蕨菜草待枯，以前泥薄覆草上，后再铺草于泥上，如此相间三四层，则发火煨之，用粪浇入，干则再加数次，待干，栽时取用。

兰之壮者有二三十花头，瘦弱者止五六，皆缘种时无肥土故也。故须及时栽种如法。

⊛木槿花

木槿，今人植为篱，易生之物也。仲夏应阴而荣，《月令》取之以为候。其花朝开暮落，一名为舜，或呼为日及。陆机《赋》云『如日及之在条，常虽及而不悟。』潘尼云：『朝菌者，诗人以为舜华，庄生以为朝菌。其物向晨而结，终日而殒』，则又以为朝菌矣。

⊛红花

或谓之红蓝，大抵三月初种花，出时，日日乘凉摘取之，顷一日须百人摘。五月种晚花，七月中摘，深色鲜明，耐久不黦，胜于春种者。花生时，但作黄色，茸茸然，故又一名『黄蓝』。杵碓水淘，绞去黄汁，更捣以清酸粟浆淘之，绞如初，即收取染红，然更捣而暴之，以染红色，极鲜明。《博物志》曰：『黄蓝，张骞所得。』

卮花

卮可染黄，其花实皆可观。花白而甚香，五月间极繁茂。或云此即西域之薝卜花，薝卜金色，花小而香，西方甚多，非卮也。

桐花

荣桐木，物之荣者多矣，独桐名荣者，桐以三月华。盖自春首东风解冻，蛰虫、鱼獭、鸿雁皆应阳而作，惟桃桐之作华，乃在众木之先，其荣可纪，故名桐为荣也。《周书·时训》曰：『清明之日，桐始华。桐不华，岁有大寒。』盖不华则阳气微，阳气微，则寒可知已。

梅花

梅先春而华，其实亦早，故《摽有梅》为昏嫁之候。古者以梅实荐馈食之笾，所谓干橑是也。江南梅熟之时，辄有细雨，连日不绝，衣物皆裛，谓之梅雨。

⊛杏花

五果为五谷之祥，而杏华又候农时。《四民月令》曰：三月杏花盛，可菑白沙轻土之田。又曰：三月昏参夕，杏花盛，桑椹赤，可种大豆，谓之上时。按五果之义，春之果莫先于梅，夏之果莫先于杏，季夏之果莫先于李，秋之果莫先于桃，冬之果莫先于栗。五时之首，寝庙必有荐，而此五果适丁其时，故特取之。杏之枝叶华皆赤，故古者钻燧，夏取枣杏之火也，《夏小正》：『四月，囿有见杏。』

⊛木兰

木兰叶似长生，冬便荣，常以冬华，其实如小柿，甘美。一名林兰，一名杜兰，皮似桂而香。生零陵山谷及泰山，状如楠树，高数仞。

⊛桂花

四月间将枝攀着地，以土压之，至五月自生根，一年后截断。八月舍蕊时移种，来年尤茂。

⊛木笔花

正、二月开，花落不结子。夏秋再着花，紫苞红艳，一名侯桃，一名木笔花。

⊛凌霄花

夏月中乃盛，即藤蔓，花赭黄色。

⊛合欢花

五月花开，红白。

⊛山矾花

生杭之西山，三月开花，细小而繁，香馥甚远，即俗名『七里香』也，种之易活。

⊛茶梅花

开十一月中，正诸花凋谢之候，花如鹅眼钱，而色粉红，心黄。开宜耐久，望之雅素，无此则子月虚度矣。

⊛白菱花

七八月开，木本，花如千瓣菱花，叶同栀子。一枝一花，叶托花朵，色白如玉可爱，亦接种也。

⊛秋葵

秋尽收子，春下种，色蜜，心紫，秋花，朝暮倾阳，此葵是也。

⊛槿花

二三月初发芽时，剪作尺余插地，以河泥壅之，无不活者。

⊛锦带花

二月开花，秋分后剪五寸长，插松土中，日浇清粪水，二十日则发芽，正月、黄梅俱可插。

⊛杜鹃花

端阳时花茂。

⊛芙蓉花

不必分根，十月间将嫩条剪下，砍作一尺一条，向阳地上掘坑埋之，仍以土掩。二月初或清明日，先以硬棒打穴，入粪河泥满，然后插入，上露寸余，遮以烂草，无不活，当年即花。如不先打穴，竟以枝条插下，恐伤其皮，不活。

⊛鸡冠花

清明下子，则花开成片。

⊛凤仙花

其种易生，春间下子，以五色种子数粒和泥埋之，则花五色，亦奇种也。

⊛水仙

俗传云：『五月不在土，六月不在房。栽向东篱下，花开朵朵香。』五月取起，以人溺浸一月，六月近灶处置之，七月种则有花，甚不然也，试之无验。杭人近江水处菜户成林，种者无枝不花，未尝用此法也。想土近咸卤，则花茂。一说五月取起，八月用猪粪和土植之，以后不可缺水。

山茶

十月开，二月方已。春间、腊月，皆可移。

迎春花

春首开花，故名迎春，二月中旬分种。

蝴蝶花

有二种，俱在秋时分种。

萵苣花

俗名『金雀花』也，色金黄，细瓣攒簇，肖盏。当春初即开，独先众花。

金雀花

另一种，春初开黄花，甚可爱，俨状飞雀。

棣棠花

春深与蔷薇同开，可助一色。

⊛荼蘼花

诗云『开到荼蘼花事了』，为春尽时开耳。

⊛缫丝花

花叶俨似玫瑰，而色浅紫，无香，枝生刺针。时至煮茧，花尽开放，故名。种从根分。

⊛金钱花

此花午开子落，又名子午花。又一种银钱，七月花，俱以子种出，寸余长，用小竹扶之。

⊛四季花

午开子落，自三月开至九月，剖根分种。

⊛紫薇花

五月开至八月，故俗名百日红。

⊛佛桑花

产闽中，有大红，粉红，有黄，有白四色。自四月开至十月方止。花之可爱妙莫与并，但无法可令过冬，是大恨也。

⊛玉簪花

春初移种肥土中则茂，白者七月开花，取其含蕊，入粉少许，过夜，女人傅面，则幽香可爱。紫者花小，于白叶上黄绿间，初发叶时可观。至开花时则叶一色，喜水，分种盆石栽之。又有一种小紫者，五月中花，花小于白叶，石绿色。

⊛夏菊花

自六月开至八月，殊无香味，亦妄滥而窃菊名者。

⊛蜀葵

收子以多为贵，八九月间锄地下之，至春初删其细小茸杂者另种，余留本地，不可缺肥。五月繁华，莫过于此，丛生满庭，花开最久，至七月中尚蕃。

山丹

春时分种，花色可爱，更夕而谢，相继只数日。

牡丹

传种法：六月时候，看花上结子微黑，将皱开口者取置向风处晾一日，以瓦盆拌湿土盛起。至八月取出，以水浸试，沉者开畦种之。约三寸一子，待来春自发，可望开花。

植种法：栽宜八月社前或秋分后三两日，将根下宿土掘开，勿伤细根，移种大花台，壅土不可太高，亦不可筑实。或以雨水或以河水浇之，满台方止。次日低凹处又浇水一次，又铺泥一层，如此，花无不茂。

分法：择茂盛花本，八九月时全墩掘起，视可分处剖开，两边俱要有根，用小麦一把拌土栽之，花茂。

灌法：灌花须早，地凉不损根枝。八九月五日一浇，积久雨水为妙。立冬后浇粪水，十一月搜松根土，以宿粪浓浇一次或二次。春分后不可浇水，待谷雨前又浇肥水一二次，浇不宜骤。六月中不可浇水，旱则以河水黑旱浇之，最不可湿了枝叶。

培法：四时用好土，根上培壅一次，比根高二寸，时设棚遮蔽日色雨水，勿令伤花。花落，即剪去花枝嫩处。六月亦须设盖，勿令晒损花芽，冬则以草荐遮雪。

⊛丽春花

立夏时开，种细净地易活。

⊛剪春罗

五月中开，花红黄，有色无香。

⊛剪秋罗

八月开花，春时待芽已透出土寸许，方可分种。

⊛史君子花

夏开一簇，葩艳轻盈，作架植之，蔓延若锦。

紫罗兰花

草本，色紫翠如鹿葱花，秋深分本栽种，四月发花可爱。

醒头香花

八月下子，即出遮护，至来年春，发细叶，梅雨中开花，细黄色。

番山丹花

须每年八九月分种方盛。

双鸾菊花

春分根种

水木樨花

二月分种，一名指田，用叶捣加矾泥染指，红于凤仙花。

缠枝牡丹

芒种时开，芽萌长出，方可分种。

第六卷 花之瑞

檇李 仲遵 王路 纂修

祯祥之事，汇为美观。

卷六索引

❀芍药花

广陵有芍药，红瓣而黄腰，号金带围者。无种，有时而出，则城中当有宰相。宋韩琦守广陵，一出四枝，选客具宴。时王珪为郡倅，王安石为幕官，皆在选，而缺一。私念有客至，召使当之。及暮，报陈太傅升之来，明日遂开宴。后四公皆入相。

【又】

文渊阁芍药三本，天顺二年盛开八花，李贤遂设燕邀吕原、刘定之等八学士共赏，惟黄谏以足疾不赴。明日复开一花，众谓谏足当之。贤赋诗，官僚咸和，以为盛事。

❀荷花

《格物丛话》：荷花有重台者，有双头者，世人指以为瑞。又有晓起朝日。夜入水者，名为睡莲。

杏花

汉东海都尉献杏一株，花杂五色，六出，云是仙人所食者。

瑞香

蜀孟知详僭位，召百官宴芳林园，赏红桃花，其叶六出。

【又】

庐山一比丘昼寝磐石上，梦中闻花香酷烈，及既觉，寻求得之，因名睡香。四方奇之，谓花中祥瑞，遂以瑞易睡。

兰菊

晋罗含，字君章，来阳人，致仕还家，阶庭忽兰菊丛生，人以为德行之感。

⊛莲花

关令尹喜生时，其家陆地自生莲花，光发满室。

【又】

平安王子懋，武帝子也。年七岁时母阮淑媛病笃，请僧行道。有献莲花供佛者，子懋誓曰：若使阿姨获佑，愿花竟，斋如故。七日斋毕，花更鲜红，视罂中微有根须，母病寻愈。世称孝感。

⊛红栀

孟昶十月宴芳林园，赏红栀花，其花六出而红，清香如梅。

⊛琼花

杨州后土祠琼花，天下无二。本绝类八仙，色微黄而有香。宋仁宗、孝宗皆尝分植禁苑，辄枯，栽还祠中，复荣如故。按，宋郊在杨州构亭，花侧傍曰『无双』。

㊣异木

覃氏祖有一异木，四时开百种花。覃氏子孙歌舞其下，花乃自落，取而簪之。他姓人往歌，花不复落。

㊣菖蒲花

梁太祖后张氏尝于室内，忽见庭前菖蒲花，光彩照灼，非世中所有。后惊视，谓侍者曰：『汝见否？』曰：『不见。』后曰：『尝闻见者当富贵。』因取吞之，是月产武帝。

【又】赵隐之母蒋氏于上涧中见菖蒲花，大如车轮，傍有神人守护，勿泄，享其富贵。年九十四，向子孙言之，言讫，得疾而终。

❀旌节花

唐王处回家居，有道士以花种贻之，云此仙家旌节花也。后处回历二镇。

❀桃李

正德戊寅冬，武宗驾幸杨州。立春日，满城桃李盛开，从臣奏瑞者不一。

◉附　梅梁

晋孝武太元三年，仆射谢安作新宫太极殿，欠一梁。有梅木流至石头城下，取用之，画梅花于梁上表瑞，因名『梅梁殿』。

第七卷

花之妖

檇李　仲遵　王路　纂修

是卷大抵皆妖艳怪异事迹，读之亦可祛睡魔尔。虽曰传讹，情固有据。

卷七索引

⊛梅花

隋开皇中，赵师雄迁罗浮。一日天寒，日暮于酒肆旁舍见美人，淡妆素服出迎。时残雪未消，月色微明。师雄与语，言极清丽，芳香袭人，因与叩酒家共饮。一绿衣童子，歌舞于侧。师雄醉寝，久之，东方已白。起视，乃在大梅树下，上有翠羽啾嘈相顾，月落参横，但惆怅而已。

⊛桃花

《博异记》：红衣人送酒歌曰：『绛衣披拂露盈盈，淡染胭脂一朵轻。自恨红颜留不住，莫怨东风道薄情。』红衣人，桃花精也。

⊛红梅

蜀州郡有红梅数株，郡侯建阁扃钥，花方盛开。忽有丽人高髻大袖，凭阑笑语。郡侯启视，惟东壁有诗云：『南枝向煖北枝寒，一种春风有两般。凭仗高楼莫吹笛，大家留取倚阑干。』

⊛芍药

明皇时，沉香亭前木芍药盛开，一枝两头，朝则深碧，暮则深黄，夜则粉白。昼夜之间，香艳各异。帝曰：『此花木之妖也。』赐杨国忠，国忠意芍药，以百宝为栏。

⊛芦蓼二花

青浦周士亨，江有年相友善。一日九月中，偕往渭塘，舟次塘东，紧泊一楼下。其楼不甚高，楼上二女，一白面，一红颜，倚窗笑语，两生仰视，漫赋一诗曰：『夙有烟霞癖，倏然兴不群。秋声飞过雁，水面洞行云。逸思乘时发，诗名到处闻。扁舟涉方社，更喜挹清芬。』

盖其诗直写心怀，初不谓二女也。楼上乃大声曰：『舟中有诗，楼上岂无诗乎？』遂朗吟一韵，两生侧耳听之，一女吟曰：『湖天秋色物凋残，花吐黄芽叶未干。夜月一滩霜皎皎，西风两岸雪漫漫。为毡却羡渔翁乐，充絮谁怜孝子单。忘在孤舟丛里宿，晓来误作玉涛看。』一女吟曰：『金风稜稜泽国秋，马兰花发满汀洲。富春山下连渔屋，采石江头映酒楼。夜月光蒙银露浴，夕阳阴暗锦鳞浮。王孙醉起应声怪，铺着黄丝毯不收。』吟毕共笑。乃以莲房藕梢俯掷两生舟，两生共起上岸，太呼欲登楼蹑之。恍惚间，不闻女声，楼亦不见，两生大骇，返舟四顾，但见芦花白、蓼花红耳。士亨遂更号芦汀渔叟，有年更号蓼塘居士，以识其异云。

⊛**牡丹**

《青琐高议》：明皇时，民间贡牡丹，未及赏，为鹿衔去。有佞人奏云：『释氏有鹿衔花以献金仙。』帝私曰：『野鹿游宫中，非佳兆也。』不知已兆鹿山之乱。

【又】

穆宗禁中牡丹花开，夜有黄白蛱蝶数万飞绕花间，宫人罗扑不获。上令网空中，得数百。迟明视之，皆库中金玉，状工巧。宫人争用丝缕络其足，以为首饰。

【又】

田弘正宅中有紫牡丹，每岁花开，有小人五六，长尺余，游于花上。人将掩之，辄失所在。

【又】 芍药

昔有猎于中条山，见白犬入地中，掘得一草根，携归，植之，明年花开，乃芍药也，故谓芍药为白犬。

⊛李花

沅陵伍贯卿家李花，一夜奴婢遥见花作数团，如飞仙状上天去，花上露倏然作雨千点，花则亡矣。

⊛梨花

武后尝于九月出梨花一枝，群臣皆贺。杜景全独不然，后曰：『真宰相也！』

⊛杜鹃

外国僧自天台得杜鹃花，乃以钵盂药养其根，植于鹤林寺。尝有红裳女子游其中，曰：『此花非久即归阆苑。』人谓之花神，后寺果为兵火所焚。

【又】

润州鹤林寺杜鹃花，春时烂漫。或见女子红裳艳妆游花下。周宝镇浙西，谓道士殷七七曰：『鹤林寺花可开副重九乎？』曰：『可！』乃前二日往鹤林。女子谓殷曰：『妾为上帝司此花，今为道者开之。』至九日盛放。

⊛蔷薇

东平城南许司马后圃蔷薇花太繁，欲分于别地栽插。忽花根下握得一石，如鸡状，五色灿然，郡人遂呼『蔷薇』为『玉鸡苗』。

⊛白莲

元和中，苏昌远居吴中，有女郎素衣红脸相与狎，赠以玉环。一日见槛前白莲花开，花蕊中有物，乃玉环也，折之乃绝。

⊛石莲

国初金箔张尝于腊月索干石莲子，乱撒池中，顷刻花开满池，香艳可爱。剪纸为舫，置水中，踏而登焉，鼓棹放歌，往来花丛，俄失所在。

⊛菜花

熙宁中李及之知润州，园中菜花盛开，悉成莲花，各有一佛，坐于花中，形如雕刻，莫计其数，曝干，其像依然。

⊛莲花

唐冀国夫人任氏女，少奉释教。一日有僧持衣求浣，女欣然濯之溪边，每一漂衣，莲花应手而出。惊异求僧，不知所在，因识其处为『百花潭』。

【又】

王敦在武昌，铃下仪仗生莲花，五六日而落。

⊛红莲

汉武时，海中有人，丫角，面如玉色，美髭髯，而腰蔽槲叶，乘一叶红莲，约长丈余，偃卧其中，手持一书，自东海浮来，俄为云雾所迷，不知所之。东方朔曰：『此太一星也。』

⊛青莲

法华山樵夫得青莲一枝，掘地有石匣，藏一童子，舌根不坏，花自舌出。

【又】

佛图澄尝于钵中生青莲花。

【又】

陈丰尝以青莲子十枚寄葛勃，勃啗未竟，坠一子于盆水中。明晨，有并蒂花开于水面，大如梅花。勃取置几间，数日方谢。剖其房，各得实五枚，如丰来数。

⊛莲茎

后主武平中，特进侍中崔季舒宅中池内莲花一作茎，皆作胡人面，仍着鲜卑帽。俄而季舒见杀。

⊛琼花

景定间，濠州曾主簿入广西，宿某驿，傍民舍主人邀坐，丰仪甚雅，庭有奇花数盆。曾曰：『曾见广陵琼花否？』主人曰：『有。』即入折一枝以授。曾持入驿，回顾民舍，无有矣。视琼花，茅也。

⊛玉蕊

唐昌观有玉蕊，花甚繁，每发若瑶林琼树。元和中，忽有女子，年可十七八，衣绣绿衣，乘马，峨髻双鬟，容色婉约，迥出于众。从以二女官，三女仆。既下马，以白角扇障面，直造花所。异香芬馥，闻数十步。伫立良久，令小仆取花数枝而出。将乘马，回顾黄冠者，曰：『曩玉峰之约，自此可以行矣。』举舆百步，有飘风拥尘随之而去。按，宋傅子容《琼花诗》云：『比玚如矾总未嘉，要须博物似张华。因看异代前贤帖，知是唐昌玉蕊花。』则琼花、玉蕊，疑是一种。

百合

兖州徂徕山寺有客，夏日阅画壁，忽逢白衣美女，年十五六，姿貌绝俗，因诱致密室，情欸甚密。及去，以白玉指环遗之。因即上寺楼隐身，目送白衣，行计百步许，奄然不见。乃识其处，寻见百合苗一枝，白花绝伟。劚之，根本如拱，既尽，得白玉指环，惊叹悔恨，得疾而毙。

青桂

武帝使董谒乘琅霞之辇，以升寿灵坛上。至三更，西王母驾玄鸾之舆，至坛之四面，列种软条青桂。风至，桂枝自拂阶上游尘。

桂花

仁和狄明善至瞰浦，天色已暝。野无人居，遥见前村一酒肆，疾趋赴，见一女甚美，叩其姓，云姓桂，名淑芳。遂设席，与狄对酌。明善半醉，乃咏桂一律以挑之。女笑曰：『君之诗，其御沟之红叶乎？』乃相与就寝，极其缱绻。越明日，唏嘘而别。明年秋，复往访之，第见丰草乔林，杳无酒肆，惟一老桂夹道而花耳。

⊛菊子

曹昊，字太虚，武林人。性爱种菊，一日早起，见菊心生一红子，大如樱桃，人皆不识。有邻女周少夫，月下同女伴来，摘食之，忽乘风飞去。

⊛兰水仙

薛蘱，河东人，幼时于窗棂内，闲窥见一女子，素服珠履，独步中庭，叹曰：『良人游学，艰于会面，对此风景，能无怅然？』于袖中出画兰卷子，对之微笑，复泪下。吟诗，其音细亮。闻有人声，遂隐于水仙花下。忽一男子，从丛兰中出，曰：『娘子久离，必应相念，阻于跬步，不啻万里。』亦歌诗二篇，歌已，仍入丛兰中。蘱苦心强记，惊讶久之。自此文藻异常，一时传诵，谓二花为夫妇花。

菊花

和州之含山别墅，四望寥廓，草木蕃盛，春花秋鸟，自度岁华，人亦罕到之者。洪熙间，有士人戴君恩者，适他所，路迷，偶过其地，叠叠朱门，重重绮阁，烟云缥缈，望之若画图然。君恩为惊讶，谓不当有此华屋也。伫立久之，忽见门内出二美人，一衣黄，一衣素，笑迎于君恩前，曰：『郎君才人也，请垂一顾，可乎？』君恩悦其人，从之。于是美人前导，而君恩后随，历重门，登崇阶，乃至中堂。叙礼延坐，罗以佳果，饮以醇醪，情意颇浓。而君恩时半酣，乃散步于中堂，四壁间挂黄白菊二幅，花蕊清丽，笔端秋色盈盈。君恩大悦，即顾谓美人曰：『壁间画菊甚工，不可不赠以句，当各吟短律，何如？』于是黄衣美人先吟黄菊曰：『芳丛烨烨殿秋光，娇倚西风学道妆。一自义熙人采后，冷烟疏雨几重阳。』君恩吟白菊曰：『平生霜露最能禁，彭泽陶潜旧赏音。蝴蝶不知秋已暮，尚穿篱落恋残金。』白衣美人咏白菊曰：『嫩寒篱落数枝开，露粉吹香入酒杯。却笑陶家狂老子，良花错认白衣来。』君恩吟曰：『冷香庭院晓霜浓，粉蝶飞来不见踪。寂寞有谁知晚节，秋风江上玉芙蓉。』三人吟毕，抚掌大笑，彼此俱忘情矣。君恩乃从容言曰：『娘子独守孤帏，宁无睹物伤情之感乎？』美人笑曰：『万物之中，惟人最灵，吾岂匏瓜也哉，焉能系而不食？既见君子，我心则降，永偕琴瑟，复奚疑哉？』是夕，二美人与君恩共荐枕席，情爱尤加。翌日，君恩辞归，美人泣曰：『君情未足，衾枕未温，安忍弃妾而去乎？』君恩曰：『果不忍舍，其如家人之属目悬切耳，去而复来，庶几两全。』于是黄衣美人出金掩鬓以赠别，白衣美人出银凤钗二股以赠别。佥曰：『好赏二物，聊见此衷。伏乞睹物思人，不忘妾于旦暮可也。』黄衣美人泣吟曰：『山自青青水自流，临期别话不胜愁。含阳门外千条柳，难系檀郎欲去舟。』白衣美人亦泣吟曰：『为道君即赴远行，匆匆不尽别离情。眼前落叶红如许，总是愁人泪染成。』君恩唏嘘，不及成韵慰答二人，各含泪而别。君恩归第，时切眷注，或成梦寐，或形咏叹，私心喜不自禁矣。迨明年，复有故它往，道经别墅，君恩谓可再见美人，访之，则不知所在。君恩惊以为神，急取掩鬓凤钗视之，皆菊之黄白瓣也。

花蕊

舒大才，云间之逸士也，聪慧能文，尤长于诗。麟德二年春，因驾舟访友，抵中途，天已薄暮，时闻大鱼跳掷于波间，宿鸟飞鸣于岸际。云散月明，花香柳舞，忽兰麝风透，环珮铿锵，大才异之，舣舟谛视，一美人姿容妍丽，偕二婢嬉游于林下。生乃登岸，揖曰：『娘子居何处，夜行至此？』美人笑曰：『敝居僻陋，离此咫尺。君如不鄙，枉驾一顾。』大才情动于中，心不得已，遂与美人先后而行。不半里许，遥见竹户荆扉，花木掩映，明窗净几，亦甚整洁。美人逊生上坐，命侍婢献茶，继以酒馔，杯盘精致，非世所有。壁间挂四时回文诗四绝，美人自制也。其一曰：『花艳吐枝红傍雨，柳烟垂线翠迎风。霞生远汉东升日，月落闲窗北近松。』其二曰：『凉生水阁虚檐冷，齿嚼冰丝雪藕寒。香散榴花红灼灼，露倾荷叶翠团团。』其三曰：『芦覆岸深秋水碧，木凋霜凛晚天苍。孤眠夜永愁空馆，独立朝长望远乡。』其四曰：『天堕雪花冰满户，雨飞风冽冻凝城。鲜鲜蕊绽梅容瘦，滴滴香倾酒味清。』美人遽曰：『效颦鄙句，愧无好词，君无哂焉。』大才称赞不容口，询以姓名、居址，美人曰：『妾姓花，成都人，蕊真小字也。』大才与之狎，美人变色曰：『男女配合，人之大伦，纵欲私通，谓之悖礼。与君萍水，遽起穿窬，可乎？』大才曰：『律设大法，礼顺人情，趯趯之螽斯传声，喓喓之草虫即应，可以人而不如微物乎？』美人始改容曰：『君能赓此四时辞，是乃中雀之目，牵幕之丝也。』大才乃援笔而和之，其一曰：『花吐嫩红新着雨，絮飘轻白细惟风。霞舒锦练光凝岭，月上圆盘影挂松。』其二曰：『凉风扇透朝肌冷，骤雨盆倾夜帐寒。香栋出飞新燕小，翠池盈贴嫩荷团。』其三曰：『芦岸宿鸿秋寂寂，桂庭飞蝶晓苍苍。孤灯剪尽捱长夜，独枕愁思梦远乡。』其四曰：『天冷夜清霜满野，月寒风凛雪迷城。鲜红烛影深闺静，淡白梅香暗阁清。』大才和讫，美人赞曰：『两韵并赓，真难得也。』是夜就寝，极讲幽欢。天明起视，乃一古祠，中塑一美人身，左右列侍二婢，案上朱书木牌题曰『花蕊夫人』。大才惊讶失色，举身流汗，促舟还家，遂得疑疾，梦中常见美人与之同居，联诗数篇，不及备述。

⊛花房

术士王琼常取花房，点药，封密器中，一夕花开。

⊛白花

晋成帝时，三吴女子相与簪白花，望之如素柰。传言天公织女死，为之著服。未几，杜皇后崩。

⊛花苞

许汉阳舟行，迷入一溪，夹岸皆花苞。一鹦鹉唤花开一声，花苞皆拆，中有美女，长尺许，能笑言。至暮花落，女亦随落水中。

⊛千叶莲

唐乹符中，天台教寺僧见沉香观音像泛太湖而来，迎得之，有草绕像足。投之小湖，遂生千叶莲花。

⊛碧芙蓉

唐元载芸辉堂前有池，中有碧芙蓉，香洁倍常。载因暇日，凭阑以观，忽闻歌声清响，若十四五女子唱焉。其曲则《玉树后庭花》也。载惊恶既甚，遂剖其花，更无所见。按，莲为水芙蓉。

⊛芙蓉玦

钱俶以弟信镇湖州，后圃芙蓉枝上穿一黄玉玦，枝梢相杂，不知何从而穿也。信截干取玦以献人，谓真仙来游，留此以惊世耳。

⊛青磁碗

东巴下岩院主僧水际得青磁碗，携归，折花置佛像前，明日花满其中。

⊛护花鸟

太华山中有护花鸟，每奇花岁发，人欲攀折，则盘旋其上，鸣曰：『莫损花，莫损花。』

⊛花舍利

宋元嘉六年，贾道子行荆上，明见芙蓉方发，聊取还家。闻花有声，寻得舍利，白如珍珠，焰照梁栋。

⊛月中桂

吴刚，西河人，学仙有过，谪伐月中桂，创处随合。

⊛五采蒲

永元中，御刀黄文济家斋前种昌蒲，忽生花，光影照壁，成五采。其儿见之，余人不见也。少时，文济被杀。

⊛月宫桂

《天宝遗事》：唐明皇游月宫，见天府榜曰『广寒清虚之府』，素娥十余人，皓衣乘白鸾，舞于桂树下。

⊛桃花女

绍兴上舍葛棠，狂士也，博学能文，下笔千余言，未尝就稿。恒慕陶潜、李白之为人，事辄效之。景泰辛未筑一亭于圃，匾其亭曰『风月平分』，旦夕浩歌纵酒以自适焉。亭壁张一桃花仕女古画，棠对之戏曰：『诚得是女捧觞，岂吝千金！』夜饮半酣，见一美姬进曰：『久识上舍词章之工，日间重辱垂念，兹歌以侑觞。』棠略不计真伪，曰：『吾欲一杯一咏。』姬乃连咏百绝，如云『梳成松髻出帘迟，折得桃花三两枝。欲插上头还住手，遍从人间可相宜。』『恹恹欹枕卷纱衾，玉腕斜笼一串金。梦里自家搔鬓发，索郎抽落凤头簪。』『家住东吴白石矶，门前流水浣罗衣。朝来系着木兰棹，闲看鸳鸯作队飞。』『石头城外是江滩，滩上行舟多少难。潮信有时还又至，郎舟一去几时还。』『浔阳南上不通潮，却算游程岁日遥。明月断魂清霭霭，玉人何处教吹萧。』『山桃花开红更红，朝朝愁雨又愁风。花开花谢难相见，懊恨无边总是空。』『西湖荷叶绿盈盈，露重风多荡漾轻。倒折荷枝丝不断，露珠易散似郎情。』『芙蓉肌肉绿云鬟，几许幽情欲话难。闻说春来倍惆怅，莫教长袖倚栏杆。』余皆忘之矣。棠沉醉而卧，晓起视画上，忽不见仕女，少焉复在。棠大异，即碎裂之。

❀牡丹花

锡山安氏构一圃于城南郊外，倩老圃徐奎掌之。圃中花卉不一，如牡丹尤盛。天顺庚辰春夕，奎闻圃中叹声呃呃，谛听之，声出牡丹花中，云：『我等主翁灌溉有年，但经岁不获善已，来日兀亦至，如奈何？』群花咸若哽咽，奎大声叱之，乃止。翼日主翁果携酒诣圃，奎语以是故，客皆异之。一恶少独嗔其妄，竟阅姣且大者，折以持去。抵家遂崽下堂之厄，旬月而愈。

❀繁花女

天顺中，睢阳巨室虞昌祚有囿，方五六里，花卉极繁，人亦罕至。圃中人往往见群女游戏于中，笑语自若，遇人则散，不识何怪也。昌祚异之，筑室数百间，赁人止之，后不复见。

❀桂芳华

景泰间，总兵石亨西征，振旅而旋，舟次绥德河中。天光已暝，亨独处舟中，扣舷而歌。忽闻一女子泝流啼哭，连呼救人者三。亨命军士亟拯之，视其容貌妍绝。女泣曰：『妾姓桂，芳华其名也。初许同里尹氏迩年，伊家衰替，父母逼妾改醮，妾苦不从，故捐生赴水。』亨诘之曰：『汝欲归宁乎？欲为我之副室乎？』女曰：『归宁非所愿，愿为公相箕帚妾耳。』亨纳之，裁剪补缀，烹饪燔幂，妙绝无议。亨甚嬖幸，凡相亲爱者，輙令出见，芳华亦无难色。是年冬，兵部尚书于公谦至其第，亨欲夸宠于公，令芳华出见之。芳华竟不出，亨命侍婢督行者相踵于道，芳华竟不出。于公辞归，亨大怒，拔剑欲斩之，芳华走入壁中，语曰：『邪不胜正，理固然也。妾本非世人，实一古桂，窃日月光华，故成人类耳。今于公栋梁之材，社稷之器，安敢轻诣？独不闻武三思爱妾，不见狄梁公之事乎？妾于此永别矣。』言罢杳然。

⊛半叶蕉

《西樵野记》云：余友冯天章徙居阊门石牌巷，其室颇僻，庭下半蕉叶一种，乃新庵所移者，其来久矣。正德初秋夕，天章卧庭中，时闻庭外其声飕飕，谛视之，一芳卿云环翠掩，丰采特异。天章疾起，默坐少顷，其妇施施而前，天章极力掺其衣袛，持绿罗裳半幅。天章犹意为怪，置之席底据坐，俟旦视之，乃半叶芭蕉也。试合之庭外蕉叶，毫纹不爽。天章急断以利刀，其干出血淋漓，怪遂泯。

⊛菊花仙

洪景卢《夷坚辛志》：成都府学有神曰菊花仙，相传为汉宫女。诸生求名者往祈影响，神必明告。汉宫女，谓在汉宫饮菊花酒者或云成都府汉文翁石室壁间画一妇人，手持菊花，前对一猴，号菊花娘子。大比之岁，士人多乞梦，颇有灵异。

⊛夭桃狐

大和中有处士姚坤，不求闻达，常以鱼钓自适，居于东洛万安山南，以琴尊自怡。居侧有猎人常以网取狐兔为业，坤性仁，恒收赎而放之，如此活者数百。坤旧有庄，卖于嵩岭菩提寺，坤持其价而赎之，其知庄僧惠沼行凶，率常于阒处凿井，深数丈，投以黄精数百斤，求人试服，观其变化。乃饮，坤大醉，投于井中，以硙石咽其井。坤及醒，无计跃出，但饥茹黄精而已。如此数日，夜忽有人于井口召坤姓名，谓曰：『我狐也，感君活我子孙不少，故来教君。我狐之通天者，初穴于塚，因上窍，乃窥天汉星辰，有所慕焉。恨身不能奋飞，遂凝盼注神，忽然不觉飞出，蹑虚驾云登天汉，见仙官而礼之。君但能澄神泯虑，注盼玄虚，如此精确，不三旬而自飞出，虽窍之至微，无所碍矣。』坤曰：『汝何据耶？』狐曰：『君不闻《西升经》云，神能飞形，亦能移山，君其努力。』言讫而去。坤信其说，依而行之，约一月，忽能跳出于磓孔中，遂见僧，大骇，视其井依然。僧礼坤，诘其妙，坤告曰：『某无为，但于中有黄精饵之，渐觉身轻，游飏其中，如处寥廓，虽欲安居，不能禁止。偶尔升腾，窍所不碍。特黄精之妙如此，他无所知。』僧然之，诸弟子以索坠下，约以一月后来窥。弟子如其言，月余往窥，师已毙于中矣。坤归旬日，有女子自称夭桃诣坤，云是富家女，误为少年诱出失踪，不可复返，愿持箕帚。坤纳之，妖丽冶容，至于篇什等札，俱能精至，坤亦爱之。后坤应制，挈夭桃入京，至盘头馆，夭桃不乐，取笔题竹简为诗曰：『铅华久御向人间，欲舍铅华更惨颜。纵有青丘今夜月，无因重照旧云鬟。』吟讽久之，坤亦矍然。忽有曹牧遣人执良犬将献裴度，入馆，犬见夭桃，怒目掣额，蹲步上阶，夭桃即化为狐，跳上犬首，抉其视，惊腾号出馆，望荆山而窜。坤大骇，逐之行数里，犬已毙，狐即不知所之。坤惆怅悬惜，尽日不能前进。及夜，有老人挈美酝诣坤，云是旧相识。既饮，坤终莫能达相识之由。老人饮罢，长揖而去，云：『报君亦足矣，吾孙亦无恙。』遂倏不见，坤方悟狐也，后寂无闻焉。

⊛醉名花

陈郡谢翔者，尝举进士，好为七字诗，其先寓居长安升道里，所居庭中多牡丹。一日晚霁出其居，南行百步，远眺终南峰，伫立久之，见一骑自西驰来，绣缋仿佛，近乃双鬟，高髻靓妆，色甚姝丽，至翱所因驻，谓翱曰：『郎非见待耶？』翱曰：『徒步此望山耳。』双鬟笑降拜曰：『愿郎归所居。』翱不测，即回望其居，见青衣三四人偕立其门外，翱益骇异，入门，青衣俱前拜。既入见堂中，设茵毯，张帷帟，锦绣辉映，异香遍室。翱愕然且惧，不敢问。一人前曰：『郎何惧，固不为损。』顷之，有金车至门，见一美人，年十六七，丰貌艳丽，代所未识。降车入门，与翱相见，坐于西轩，谓翱曰：『闻此地有名花，故来与君一醉耳。』翱惧稍解。美人即命设馔，同翱而食。其器用、食物，莫不珍异。出玉杯命酒对酌，翱因问曰：『女郎何为者，得不为他怪乎？』美人笑不答，固请之曰：『君但知非人则已，安用问耶？』夜阑，谓翱曰：『某家甚远，今将归，不可久留矣。闻君善为七言诗，愿见贶。』翱怅然因命笔赋诗曰：『阳台后会已无期，碧树烟深玉漏迟。半夜香风满庭月，花前竟发楚王悲。』美人览之，泣下数行，曰：『某亦尝学为诗，欲答来赠，幸不见诮。』翱喜而请，美人求绛笺，翱视笥中唯碧笺一幅，因进之，美人题曰：『相思无路莫相思，风里花开只片时。

惆怅金闺却归处，晓莺啼断绿杨枝。』其笔札甚工，翱嗟赏良久，美人遂顾左右，撤帐帟，命烛登车。翱送至门，挥泪而别，未数十步，车与人物俱亡见矣。

⊛牡丹灯

方氏之据浙东也，每岁元夕，于明州张灯五夜，倾城仕女，皆得纵观。至正庚子之岁，有乔生者，居镇明岭下，初丧其偶，鳏居无聊，不复出游，但倚门伫立而已。十五夜，三更尽，游人渐稀，见一丫鬟挑双头牡丹灯前导，一美人随后，约年十七八，红裙翠袖，妍妍媚媚，迤逦投西而去。生于月下视之，韶颜稚齿，真国色也。神魂飘荡，不能自持，乃尾之而去。或先之，或后之，行数十步，忽回顾而微哂曰：『初无桑中之期，乃有月下之遇，事非偶然也。』生即趋前揖之曰：『敝居咫尺，佳人可能回顾否？』女无难意，即呼丫鬟曰：『金莲可挑灯同往也。』于是金莲复回，生与女携手至家，极其欢昵，自以为巫山洛浦之遇，不是过也。生问其姓名居址，女曰：『姓符，丽卿其字，淑芳其名，故奉化州判女也。先人既殁，家事零替。既无兄弟，仍鲜族党，止妾一身，遂与金莲侨居湖西尔。』生留之宿，态度精妍，词气婉媚，低帏昵枕，甚极欢爱。天明辞别而去，及暮则又至。如是者将半月，邻翁疑焉，穴壁视之，则见一粉妆骷髅与生并坐于灯下，大骇，明旦诘之，秘不肯言。邻翁曰：『嘻！子祸矣，人乃至盛之纯阳，鬼乃幽阴之邪秽，今子与幽阴之魅同处而不知，邪秽之物共宿而不悟，一旦真元耗尽，灾青来临，惜乎以青春之年而遽为黄壤之客也，可不悲夫！』生始惊惧，备述厥由。邻翁曰：『彼言侨居湖西，当往访问之，则可知矣。』生如其教，径投月湖之西，往来于长堤之上，高桥之下，访于居人，询乎过客，并言无有。日将夕矣，乃入湖心寺少憩，行遍东廊，复转西廊，廊尽处得一暗室，则有旅榇白纸题其上，曰『故奉化符州判女丽卿之柩』，柩前悬一双头牡丹灯，灯下立一盟器，女子背上有二字曰『金莲』。生见之，毛发尽竖，寒栗遍身，奔走出寺，不敢回顾。是夜借宿邻翁之家，忧怖之色可掬。邻翁曰：『玄妙观魏法师，故开府王真人弟子，符箓为当今第一，汝宜急往求焉。』明日生诣观内，法师见其至，曰：『妖气甚浓。』以朱书符二道授之，令其一置于门，一悬于榻，仍戒不得，再往湖心寺。生受符而归，如法安顿，自此果不来矣。

第八卷

花之宜

槜李　仲遵　王路　纂修

栽培、浇灌、护持、

珍惜之事已备。

卷八索引

花牌

钱塘田艺衡尝于花开日大书粉牌悬花间，曰名花犹美人也，可玩而不可亵，可爱而不可折。撷叶一瓣者，是裂美人之裳也；掐花一痕者，是挠美人之肤也；拗花一枝者，是折美人之体也；以酒喷花者，是唾美人之面也；以香触花者，是熏美人之目也；解衣对花狼籍可厌者，是与美人裸相逐也。近而觑者，谓之盲；屈而嗅者，谓之齈。语曰：宁逢恶犷，莫杀风景，谕而不省，誓不再请。

花铃

天宝初，宁王日侍，好声乐，风流蕴藉，诸王弗如也。至春时，于后园中纫红丝为绳，密缀金铃系于花梢之上，每有鸟鹊翔集，令园吏掣铃索以惊之，盖惜花之故也。诸宫皆效之。

花鉴

齐威王令于国中有能善巧分别者，赐千金，一人应募，曰：『臣之术能分别诸名花果。』齐王乃导入囿，令观桃李诸花，观毕，苑令摘花试之，枝叶柯亚皆记其处，十问而十不失，齐王大喜，立赐千金。

夹种

秋葵宜夹种芙蓉树内，同时开花，可观。

接种

牡丹有千叶者，蜀人号为京花，此洛阳种也。有单叶者，不接则不佳，然须于山丹上接，种菜园最盛大。此花宜寒恶热，宜燥恶湿，根窠喜得新土厚土则旺，惧烈风炎日，宜高厂向阳。

移春槛

杨国忠子弟春时移名花植木槛中，下设轮脚，挽以彩絙，所至自随，号移春槛。

占景盘

郭江州有巧思，作占景盘，铜为之，花唇平底，深四寸许，上出细筒殆数十，每用时满添清水，择繁花插筒中，可留十余日不衰。

火石榴

火石榴，其嫩头长出即摘去，烈日当午，以水浇之，则花茂肯发。

⊛种海棠法

贴梗海棠春间攀枝着地，以肥土壅之，自能生根。来年十月截断，二月移栽，樱桃接贴梗则成垂丝，梨树接贴梗则成西府。或云以西河柳接亦可，海棠欲鲜而茂，至冬日，早以糟水浇之根下，或云糖水，或云酒脚。

⊛种茉莉

此花出自暖地，故性畏寒，喜肥，以米泔水浇之，花开不绝，或以皮屑浸水浇之亦可。或云以鸡粪壅之，六月六日以活鱼腥水浇之尤妙。梅雨中从节摘断，插肥地阴湿处即活。

【又】藏法

霜降后移置南窗下，十分干燥，以水微湿其根，朝南屋下内掘一浅坑，将盆放下，以篾笼罩花口，傍以泥筑实，无隙通风，或用绵花子覆根五寸许，亦以篾罩罩之，用纸封罩，五六日一次将花核取开，用冷茶浇之，仍以花核壅之，立夏前方可去罩，盆中周围去土一层，以肥土填上，用水浇之，大约清明后三日方可移出。露天最怕春风，清明后三日尤怕风。芽发方可灌以粪。次年和根取起，换土栽过，无不活者，如此收藏，多年可延。

秋海棠

娇冶柔软，真同美人倦妆，此品喜阴，一见日色即瘁。九月收枝上黑子，撒于盆内地上，明春发枝，当年有花，老根过冬者，花发更茂。

粉团花

宜种牡丹台处，同时开花，用为衬色甚佳。以八仙花种盆中，次年连根移就粉团花畔，将八仙离根七八寸，刮去半边，用麻缠缚，频用水浇，至十月候，皮生截断，次年开花，盛不可言。

木香花

花有三种，开于四月，惟白花紫心者为最，香馥清润，高架万条，坐若香雪。其青心白木香、黄木香都不及也。剪条插，多不活。以条扳入土中一段，壅泥月余，枝长，自本生枝外剪断，移栽易活。

真珠兰

此花畏寒，喜肥，宜水，忌粪，宜大坑上以盆覆之，又用泥封，使叶不落，则来年有花。

芭蕉

冬间叶毙，勿去其梗，以草厚护之，来春叶盛而花开。

杜鹃

喜阴恶肥，早以河水浇之，树阴下放置，则叶茂色青。有黄、白二色者，畏热不畏冷，种法用山泥拣去粗石，羊屎浸水浇之。

罂粟花

八月中秋夜或重阳月下子，下毕以竹扫帚扫匀，花乃千叶，两手交换撒子，则花重台。或云以墨汁拌撒，免蚁食。须先粪地极肥松，中秋夜用冷饮汤并锅底灰，和细干泥拌匀，下讫，仍以泥盖，出后浇清粪，删其繁，以稀为贵。长即以竹篱扶之，若土瘦种迟，则变为单叶。单叶者，粟必满，千叶者，粟多空。

剪秋罗

喜阴，怕粪，肥土种，清水浇。

瑞香

梅雨时开，就老枝节上剪初嫩枝，插于背阴处，自生根，带花更易活。花落叶生后，插之必死。芒种中折其枝，枝上破开，用大麦一粒置于中，用乱发缠之，插土，勿令见日，以水浇之，亦活。

玫瑰花

花类蔷薇，紫艳馥郁。宋时宫院多采之，杂脑麝以为香囊，芬氤袅袅不绝，故又名徘徊花。

紫荆花

喜肥，畏水，根傍发条，俟长大分种，易活。

吉祥草花

吉祥草，易生，不拘水土中、石上俱可种，惟得水为佳。用以伴孤石灵芝，清雅之甚。花紫，蓓生，然不易开。如家居种之，有花似于吉祥耳。或云吉祥草苍翠若建兰，不藉土而自活，涉冬不枯，杭人多植瓷盎，置几案间。

映山红

连山土移种围中始活。

栀子花

栀子带花移种易活，梅雨时插嫩枝于肥湿处亦易活。千叶者用土压其傍小枝，逾年自生根，其子可染黄。

郁李花

性喜向暖日和风，浇用清水，不用肥粪，以性洁故也。

孩儿菊花

花小而紫，不甚美观，但其嫩头柔软，置之发中衣带，香可辟汗。夏月一种佳草也，有二种，紫梗者，香甚。

醒头香花

又名辟汗草，出自白下汗气，取置发中，次日香燥，且夜间幽香可爱。

指甲花

生杭之诸山中，花小如蜜色，而香甚。用山土移上盆中，亦可供玩。

蜀葵花

其花可收，干入香炭堑内，引火耐烧，叶可收染纸色，取为葵笺是也。

接牡丹

芍药根干肥大者，择好牡丹枝芽，取三四寸长，削尖，扁如凿子形，将芍药根上开口插下，以肥泥筑紧，培过一二寸，即活。又以单瓣牡丹种活，根上去土二寸许，用利刀斜去一半，择千叶好花嫩枝头，有三五眼者，亦去一半，两合如一，用麻缚定，以泥水调涂麻外，以瓦二块合围，填泥，来春花发，去瓦，以草席护之，即开花，且茂。

⊛艺菊 事宜

一培根：凡菊于夏间浇灌得法，秋后根傍便有嫩苗丛生，俟开花过，摘去枝叶，止留根本尺许，掘地作小潭，浇粪一杓掺于土，以根本带土置潭中，四面填掺新土，仍爱护嫩苗，至春自茂。若原在地者，不消，只在腊月浇粪可也。

二分苗：凡菊开后宜置向阳，遮护冰雪，以养其元。至谷雨时将根掘起，剖碎，拣壮嫩有根者单种，有秃白亦可种活，但要去其根上浮起白翳一层，以干润土种，筑实，不可雨中分种，令湿泥着根，则花不茂。分早不宜，或云正月后即可分矣。

三择本：谷雨后选伉爽处，无树根草芽之地，地欲高，沟欲深，安瓦盆在上，相去尺许，埋一个盆，以三分为率，一分埋苗，二分掺干土，将前所分菊本择干态度妍者，带土起植盆内，就以先浇灌泥培壅，低盆口三寸，庶便浇灌。盖菊性畏水，略浸则瘁，取用瓦者，雨过便于上盆，谢瓦移盆，又不伤根，且不泄气。既种，每株用红油小竹入土扶枝，令不摇动。竹用油者，可辟菊虎，其缚者，综分细用之，可奈风日。

四摘头：分苗之后，高七八寸，摘去头，令生歧枝，其初起一枝，去头之后，必长三四枝，长尺许。又摘去，每枝又分长三四枝，欲要枝多，再摘不妨。其枝繁杂，未可删去，多存以防菊牛所伤。至白露，酌量本根肥瘦，可留几枝，余者去之。有宜花多者，有宜花少者，不可概论。大抵多不过三十，少者十数花足矣。古法遇九则摘，亦不必拘。

五掐眼：每枝逐叶上近干处生出小眼，一一掐去，此眼不掐，便生成附枝。掐眼之时，切须轻手，盖菊叶甚脆，略一触即堕矣。

六删冗：菊至结蕊时，每株顶心上留一蕊，余则剔去。如蕊细，用针挑之，其逐节间，或先掐眼不尽，至此时又后结蕊，亦尽去之，庶一枝之力，尽归一蕊，开花尤大，可径四寸，小亦不下三寸也。

七扦头：梅雨时取河泥搓成大弹丸，将折下小附枝三四寸者，插入泥丸内，插讫埋土中，日逐用水浇灌，五七日则鲜活，盖根已生矣。用泥丸者，气不泄而易活易长也。亦依前法摘掐，或摘去止留一花，或不摘头任其乱生枝柯，临时悉皆删之，止留一瓣一花，其花甚大，而干甚低也。

八惜花：花虽傲霜，其实畏之，一为风雨所侵，便非向者标致，风雨犹然，况于霜乎？花蕊半开，便可上盆，移置轩窗通风日处。每浇水在清晨，宜少不宜多，多则伤叶。以小盏盛水，放根边，用纸捻一根，半缚根上，半置盏内，水干再添，如此则根润花满，多有几日玩。再于菊上结缚凉棚，上用竹簟芦箔之类，亦可以为菊延寿龄也。

九护叶：养花易，养叶难，凡根有枯叶不可摘去，去则气泄，其叶自下而上逐渐黄矣，浇粪时慎勿令粪着叶，一着叶随即黄落矣。欲叶青茂，时以韭汁浇根，乃妙。

十灌溉：梅天但遇大雨一歇，便浇些少冷粪以扶植之，否则无故自瘁。若厌浇粪，用粪泥于根边周围堆壅半寸，再雨湿泥，功倍于粪，且不坏叶。六七月内，不可用粪，用则枝叶皆蛀，每晨用河水浇灌，若有挦鸡鹅毛水，停积作冷清，或浸蚕沙清水，时常浇之，尤妙。

十一去蠹一条，具花忌卷

十二扬抑：菊之本性有易高者，醉西施之类是也；有低者，紫芍药之类是也。抑之法：频摘头比他本多一二次；扬之法：迟摘头视他本少一二次，庶无过不及之差。

⊛菊谱

贮土：冬至后择肥地一方，以纯粪浇泼，候冻干，取土之浮者，再粪之，干则收之室中，春分后出而晒之，日数次翻之，其虫蚁及草梗蒸之日，土净矣乃藏之，以待登盆之需。余以待加盆之用，登盆后三四日，或雨土实而根露，则以此土覆加，一则蔽日之晒，不枯其根，一则收雨之泽，不烂其根

留种：冬初菊残之际，去其上节，下留五七寸许，或连盆，或去盆埋之入阳和松土内，腊月用粪浇数次，一壮菊本，一御天寒，大抵菊不耐冷故也。

分秧：春分后宜分秧，根多须而土中之茎黄白色者，谓之老须，少而纯白者，谓之嫩。老可分，嫩不可分。预将土锄松，不可甚肥，肥则笼菊头而不发。俟天阴雨分之，须令净去，

宿土恐有虫子之害。秧则以席覆之，勿经日色，每早用河水灌之，天雨不必多浇，天雨秧即活，去盖始用肥水。

登盆：立夏时，菊苗长盛，将上盆先数日不可浇灌，令其坚老，上盆则耐日色。每起根上多带土，上盆后量晴雨浇灌。服盆后渐用肥水，久雨则以腊土培之。

理缉：欲长也，则去其旁枝，欲短也，则去其正枝。花之朵，视种之大小而存之。大者四五蕊焉，次者七八焉，又次则十余焉，二十余则多矣。惟甘菊、寒菊，独梗而有千花，不可去也。

积粪：腊月内，掘地埋缸，积浓粪，上盖板，填土密固，至春渣滓融化，止存清水，名曰金汁。五六月菊为黄萎黄揉，用此浇之，足以回生，且开花肥润。

浇灌：用粪之法，各有次序，一次，粪二水八。越半旬第二次，粪三水七。再越半月第三次，粪水相半。又越半旬第四次，粪七水三。第五次，全粪可也。瘦者多浇，肥者可减，太过则令蕊笼闭，青叶空盛。

传种：遇奇种，宜于秋雨、梅雨二时修下肥梗，插在肥阴之地，加意培养，亦可传种。

种桃法

宜于暖处宽深为坑，先纳湿牛粪，其内核不拘多少，小头向下，厚盖松土尺许，春深芽生，带土移植实地，若仍置粪中，则实小而苦。桃性早实，三年便结子。桃性皮急，四年以上，宜以刀竖劚其皮，否则皮急而死。一法取核刷净缝中肉，令女子艳妆下种，则他日花艳而子多。一说过春月以刀疏斫之，则穰出而不蛀。桃实太繁则多坠，以刀横斫其干数下，乃止。社日令持石压树枝，则结实牢。桃子蛀者，以煮猪头汁冷浇，则不蛀。桃上生斗虫如蚊，俗云蚜虫，虽桐油洒之，亦不尽除，以多年竹灯檠挂之树梢间，则纷纷堕下，此物理不可晓，然试之即验。

种莲法

惊蛰将大缸底用地泥一层筑实，上用河泥一浅缸筑平，有日晒之，有雨盖之，晒令开裂。至春分日买壮大荷秧，开泥种之，枝头向南，泥壅好，勿露出，再晒，雨仍盖之，至清明日加河水平口，不可加井水。春分前种一日，花在叶上，春分后种一日，叶在花上，春分日种，则花与叶平。

【又】

一说用稻干泥实其半，壅牛粪寸许，隔以芦席，置藕上，以河泥覆之，晒极干再壅之，如此一二次方可。下水遇雨则遮，或云用腊糟少许置藕上，不宜着藕，或云用瓶泥种，则花盛。

⊛兰花

栽法：盆内先以粗碗碟覆之于底，次用浮炭铺一层，然后用泥薄铺炭上栽之，糁泥壅根如法，不可以手捺实，否则根不舒畅，叶不发长，花亦不繁茂矣。干湿依时用水浇灌，盆下有窍，不可着泥地，恐蚯蚓蝼蚁入孔，伤花根，故盆须架起，令风从孔进，透气为佳。

分法：须九月节气方可分栽，分时用手劈，不开，将竹片挑剔泥松，不可拔伤根本。十月时候花已胎孕，不可分种，若见霜雪大寒，尤不可分，否则必至损花矣。

浇法：或河水，池塘水，或积留雨水，或皮屑鱼腥水，都佳。独不可用井水，以性冷故也。浇时须四畔匀灌，不可从上浇下，以致坏叶。四月有梅雨，不必浇。五月至八月，须早五更或日未出浇一番，黄昏浇一番，又须看花干湿，湿则不必浇，恐过浇根要烂也。叶黄用苦茶浇之。

【天下爱养】 此见燕闲清赏，俱论种兰

天不言，而四时行、百物生者何？盖岁分四时，生六气，合四时而言之，则二十四气以成其岁功。故凡穹壤者皆物也，不以草木之微、昆虫之细，而必欲各遂其性者，则在乎人，因以气候而生全之者也。被动植者，非其恩乎？及草木者，非其人乎？斧斤以时入山林，数罟不入污池，又非其能全之者乎？夫春为青帝，回驭阳气，风和日暖，蛰雷一震，而土脉融畅，万汇丛生，其气则有不可得而掩者，是以圣人之仁，则顺天地以养万物，必欲使万物得遂其本性而已。故为台太高则冲阳，太低则隐风，前宜南面，后宜背北，盖欲通南薰而障北

吹也。地不必旷，旷则有日。亦不可狭，狭则蔽气。右宜近林，左宜近野，欲引东日而被西阳。夏遇炎烈则荫之，冬逢冱寒则曝之。下沙欲疏，疏则连雨不能淫，上沙欲濡，濡则酷日不能燥。至于插引叶之架，平护根之沙，防蚯蚓之伤，禁蝼蚁之穴，去其莠草，除其丝网，助其新篦，剪其败叶，此则爱养之法也。其余一切窠虫族类，皆能蠹害，并可除之，所以封植灌溉之法，详载于后。

【坚性封植】

草木之生长，亦犹人焉，何则？人亦天地之物耳，闲居暇日，优游逸豫，饮膳得宜。以兰而言之，且一盆盈满，自非六七载莫能至此，皆由夫爱养之念不替，灌溉之功愈久，故根与壤合，然后森郁雄健，敷畅繁丽其叶，盖有得自然而然者。合焉欲分而拆之，是裂其根荄，易其沙土。况或灌溉之失时，爱养之乖宜，又何异于人之饥饱？则燥湿干之，邪气乘间入其荣卫，则不免侵损。所谓向之寒暑适宜、肥瘦得时者，此岂一朝一夕之所能仍旧者也？故必于寒露之后、立冬以前而分之。盖取万物得归根之时，而其叶则苍，根则老故也。或者于此时分一盆吴兰，各其盆之端正，则不忍击碎，因劙出，而根已伤。暨三年，培植尤至困，于今深以为戒。欲分其兰，而须用碎其盆，务在轻手击之，亦须缓缓解拆其交互之根，勿使有拔断之失。然后逐篦蕖取出积年腐芦头，只存三季者，每三篦作一盆，盆底先用沙填之，即以三篦蕖之，互相枕籍，使新篦在外，作三方向，却随其花之好肥瘦沙土从而种之，盆面则以少许瘦沙覆之，以新汲水一勺以定其根。更有收沙晒之法，此乃又分兰之至要者，尚预于未分前半月，取土筛去瓦砾之类，曝令干燥，或欲适肥，则宜于淤泥。沙可用，使粪夹和晒之，俟干或复湿，如此十度，视其极燥，更须筛过随意用。盖沙乃久年流聚，杂居阴湿之地，而兰之骤尔分拆失性，假以阳物助之，则来年从篦自长尔，与旧叶比肩，此其效也。夫苟不知收晒之宜，用彼积掩之沙，或惮披曝，必至羸弱而黄叶者有之，篦之不发者有之。积有日月，不知体察，其失愈甚。候其已觉，方始涤根易沙，加意调护，冀其能复，不亦后乎？抑岂知其果能复焉？如其稍可全活有几，何时后而获遂本质邪？故为深奈惜之，因并为之言曰：『与其于既损之后而欲复全生意，宁若于未分之前而必欲全其生意，岂不省力？』今逐品所宜沙土，开列于后：

陈梦良：用黄净无泥瘦沙种，而忌用肥，恐有腐烂之失。

吴兰、潘兰：用赤沙泥。

何兰、蒲统领、大张青、金稜边：各用黄色粗沙和泥，更添些少赤沙泥种为妙。

陈八斜、淳监粮、萧仲弘、许景初、何首座、林仲、孔庄观成：乃下品，任意用沙。

济老、施花、惠知客、马大同、郑少举、黄八兄、周染：宜沟壑中黑沙泥，和粪壤种之。

李通判、灶山、郑伯善、鱼鱿：用山下流聚沙泥种之。

夕阳红：以下诸品，则任意栽种，此封植之概论也。

【灌溉得宜】

夫兰自沙土出者，各有品类，然亦因其土地之宜而生长之，故地有肥瘦，或沙黄土赤而瘠，有居之巅，山之冈，或近水，或附石，各依而产之，要在度其性何如耳，不可不谓其无肥瘦也。苟性不能别，曰何者当肥，何者当瘦，强出已见，混而肥之，则好膏腴者，因得所养之法，花则转而繁，叶则雄而健。所谓好瘦者，不因肥而腐败，吾未之信也。一阳生于子，荄甲潜萌，我则注而灌溉之，使蕴诸中者稍获强壮。迨夫萌英迸沙，高未及寸许，从便灌之，则戢然而卓簪。暨南薰之时，长养万物，又从而渍润之，则修然而高，郁然而苍，若精于感遇者也。秋八月之交，骄阳方炽，根叶失水，欲老而黄。此时当以濯鱼肉水或秽腐水浇之，过时之外，合用之物，随宜浇注，使之畅茂，亦以防秋风肃杀之患。故其叶弱，拳拳然，抽至出冬至而极。夫人分兰之次年，不发花者，盖恐泄其气，则叶不长尔。凡善于养花，切须爱其叶，叶耸则不虑其花不发也。

【紫花】

陈梦良：极难爱养，稍肥，随即腐烂。贵用清水浇灌，则佳也。

潘兰：虽未能受肥，须以清茶沃之，冀得其本生地土之性。

吴花：看来亦好肥，种当灌溉，以一月一度。

赵花、何兰、大张青、蒲统领、金棱边：半月一用其肥则可。

淳监粮、萧仲和、许景初、何首座、林仲孔、庄观成：纵有太过不及之失，亦无大害于用肥之时。当时沙土干燥，遇晚方始灌溉，候芜以清水碗许浇之，使肥腻之物，得以下积其根。广新来未发，发篦自无勾蔓逆上散乱盘盆之患，更能预以瓮缸之属，储蓄雨水，积久色绿者，间或灌之。而其叶则浡然挺秀，濯然而争茂，盈台簇槛，列翠罗青，纵无花开，亦见雅洁。

【白花】

济老、施花、惠知客、马大同、郑少举、黄八兄：爱肥，一任灌溉。

灶山、郑伯善：肥在六之中，四之下。又，朱兰亦如之。

鱼魫：兰质莹洁，不须以秽腻之物浇之。

夕阳红、云峤、观堂主、名弟：肥瘦任意，亦当观其沙土之燥，晚则灌注，晓则清水浇之。储蓄雨水沃之，令其色绿为妙。

惠知客等兰：用河沙嵌去泥尘，夹粪盖泥种，底用粗沙和粪方妙。

郑少举：用粪盖泥和便晒干种之，上面用红泥覆之。用粪壤泥及河沙，内用草鞋屑铺四围种之，累试甚佳。大凡用轻松泥皆可。

济老、施花：用粪及小便浇泥摊晒，用草鞋屑围种。

夹竹桃

恶湿而畏寒，十月初宜置向阳处放之，喜肥，不可缺壅，不可见霜雪，冬天亦不宜太燥，和暖微以水润之，但不可多，恐冻耳。五六月天以红桃配白茉莉，妇人戴之，娇袅可挹。

梅花

宋张功甫为列『花宜称』，凡二十六条：为澹云，为晓日，为薄寒，为细雨，为轻烟，为佳月，为夕阳，为微雪，为晚霞，为珍禽，为孤鹤，为清溪，为小桥，为竹边，为松下，为明窗，为疏篱，为苍崖，为绿苔，为铜瓶，为纸帐，为林间吹笛，为膝上横琴，为石枰下棋，为扫雪，为煎茶，为美人澹妆篸戴。

收杨花

宪圣时，收杨花为冬日鞋袜毡褥之用。

⊛石竹花

须年另起根分种则茂，但枝蔓柔弱，易至散漫，须用小竹扶之。

⊛笑靥花

无子可种，根窠丛生，茂者数十条。以原根劈作数墩，分种易活。

⊛歌饮

刘公干居邺下，一日桃李烂熳，值诸公子延赏，久之方去。公干问仆曰：『损花乎？』仆曰：『无，但爱赏而已。』公干曰：『珍重轻薄子不损折，使老夫酒兴不空也。』遂饮花下，《作放歌行》。

⊛碧筩杯

《鸡跖集》：魏郑公三伏之际，率宾僚避暑，取莲叶盛酒，以簪刺叶，令与柄通，屈茎如象鼻焉，传吸之，名碧筩杯。故东坡云：『碧碗犹作象鼻弯，白酒犹带荷心苦。』

幽人枕

陈英尝种菊数亩，秋日采花囊枕，曰幽人枕。

青纱枕

舒雅作青纱莲二枕，满贮酴醿、木犀、瑞香、散蕊，甚益鼻根。

杨花枕

卢文纪作杨花枕，缝青缯，充以柳絮，一年一易。

龙香剂

唐玄宗以芙蓉花汁调香粉作御墨，曰龙香剂

染指甲

李玉英秋日采凤仙花染指甲，后于月中调弦，或比之落花流水。

◉附 瓶花三说

⊛瓶花之宜

瓶花之具有二用，如堂中插花，乃以铜之汉壶，大古尊罍，或官歌大瓶如弓耳壶，直口厂瓶，或龙泉蓍草大方瓶，高架两傍，或置几上，与堂相宜。折花须择大枝，或上茸下瘦，或左高右低，右高左低，或两蟠台接，偃亚偏曲，或挺露一干中出，上簇下蕃，铺盖瓶口，令俯仰高下，疏密斜正，各具意态，得画家写生折枝之妙，方有天趣。若直枝蓬头花朵，不入清供。花取或一种两种，蔷薇时即多种亦不为俗。冬时插梅必须龙泉大瓶，象窑厂瓶，厚铜汉壶，高三四尺已上，投以硫黄五六钱，砍大枝梅花插供，方快人意。近有饶窑白磁花尊，高三二尺者，有细花大瓶，俱可供堂上插花之具，制亦不恶。若书斋插花，瓶宜短小，以官歌胆瓶、纸槌瓶、鹅颈瓶、花觚、高低二种八卦方瓶、茄袋瓶、各制小瓶、定窑花尊、花囊、四耳小定壶、细口扁肚壶、青东磁小蓍草瓶、方汉壶、圆瓶、古龙泉蒲槌瓶、各窑壁瓶。次则古铜花觚、铜觯、小尊罍、方壶、素温壶、匾壶，俱可插花。又如饶窑宣德年烧制花觚、花尊、蜜食罐、成窑娇青蒜蒲小瓶、胆瓶、细花一枝瓶、方汉壶式者，亦可文房充玩。但小瓶插花，折宜瘦巧，不宜繁杂，宜一种，多则二种，须分高下合插，俨若一枝，天生二色方美。或先凑簇像生，即以麻丝根下缚定插之，若彼此各向，则不佳矣。大率插花须要花与瓶称，花高于瓶四五寸则可。假若瓶高二尺，肚大下实者，花出瓶口二尺六七寸，须折斜冗花枝，铺散左右，覆瓶两傍之半则雅。若瓶高瘦，却宜一高一低双枝，或屈曲斜袅，较瓶身少短数寸似佳。最忌花瘦于瓶，又忌繁杂。如缚成把，殊无雅趣。若小瓶插花，令花出瓶，须较瓶身短少二寸，如八寸长瓶，花止六七寸方妙。若瓶矮者，花高于瓶二三寸亦可，插花有态，可供清赏。故插花挂画二事，是诚好事者本身执役，岂可托之僮仆为哉？客曰：『汝论僻矣，人无古瓶，必如所论，则花不可插耶？』不然，余所论者，收藏鉴赏家积集既广，须用合宜，使器得雅称云耳。若以无所有者，则手执一枝，或采满把，即插之水盆壁缝，谓非爱花人欤？何俟论瓶美恶？又何分于堂室二用乎哉？吾惧客嘲熟矣，具此以解。

❁瓶花之忌 具花忌卷

❁瓶花之法

牡丹花，贮滚汤于小口瓶中，插花一二枝，紧紧塞口，则花叶俱荣，三四日可玩，芍药同法。一云以蜜作水，插牡丹不悴，蜜亦不坏。

戎葵、凤仙花、芙蓉花，凡柔枝花，已上皆滚汤贮瓶，插下塞口，则不憔悴，可观数日。

栀子花，将折枝根搥碎，擦盐，入水插之，则花不黄。其结成栀子，初冬折枝插瓶，其子赤色，俨若花蕊。

荷花，采将乱发缠缚折处，仍以泥封其窍，先入瓶中至底，后灌以水，不令入窍。窍中进水则易败。

海棠花，以薄荷包枝根，水养，多有数日不谢。

竹枝瓶底加泥一撮、松枝、灵芝同吉祥草，俱可插瓶。

四时花俱堪入瓶，但以意巧取裁。花性宜水宜汤，俱照前法。幽人雅趣，虽野草闲花，无不采插几案，以供清玩。但取自家生意，原无一定成规，不必拘泥也。

灵芝，仙品也。山中采归，以箩盛置饭甑上蒸熟晒干，藏之不坏。用锡作管套根，插水瓶中，伴以竹叶、吉祥草，则根不朽。上盆亦用此法

冬间插花，须用锡管，不惟不坏磁瓶，即铜瓶亦畏冰冻，瓶质厚者尚可，否则破裂。如瑞香、梅花、水仙、粉红山茶、腊梅，皆冬月妙品。插瓶之法，虽曰硫黄投之不冻，恐亦难敌。惟近日色南窗下置之，夜近卧榻，庶可多玩数日。一法用肉汁去浮油，入瓶插梅花，则萼尽开而更结实。

◉附《瓶史》

袁中郎宏道著

夫幽人韵士，屏绝声色，其嗜好不得不钟于山水花竹。夫山水花竹者，名之所不在，奔走之所不至也。天下之人，栖止于嚣崖利薮，目眯尘沙，心疲计算，欲有之而有所不暇。故幽人韵士，得以乘间而踞为一日之有。夫幽人韵士者，处于不争之地，而以一切让天下之人者也。惟夫山水花竹，欲以让人，而人未必乐受，故居之也安，而踞之也无祸。嗟夫，此隐者之事，决烈丈夫之所为，余生平企羡而不可必得者也。幸而身居隐见之间，世间可趋可争者既不到，余遂欲欹笠高岩，濯缨流水，又为卑官所绊，仅有栽花种竹一事，可以自乐。而鸱居湫隘，迁徙无常，不得已乃以胆瓶贮花，随时插换。京师人家所有名卉，一旦遂为余案头物。无扦剔浇顿之苦，而有味赏之乐，取者不贪，遇者不争，是可述也。噫！此暂时快心事也，无狃以为常，而忘山水之大乐，石公记之。凡瓶中所有品目，条列于后，与诸好事而贫者共焉。

一、花目

燕京天气严寒，南中名花多不至。即有至者，率为巨珰大畹所有，儒生寒士无因得发其幕，不得不取其近而易致者。夫取花如取友，山林奇逸之士，族迷于鹿豕，身蔽于丰草，吾虽欲友之而不可得。是故通邑大都之间，时流所共标共目而指为隽士者，吾亦欲友之，取其近而易致也。余于诸花取其近而易致者：入春为梅，为海棠；夏为牡丹，为芍药，为安石榴；秋为木樨，为莲，菊；冬为蜡梅。一室之内，荀香何粉，迭为宾客。取之虽近，终不敢滥及凡卉，就使乏花，宁贮竹栢数枝以充之。『虽无老成人，尚有典刑』，岂可使市井庸儿，溷入贤社，贻皇甫氏充隐之嗤哉？

二、品第

汉宫三千，赵姊第一；邢、尹同幸，望而泣下。故知色之绝者，蛾眉未免俯首。物之尤者，出乎其类。将使倾城与众姬同辈，吉士与凡才并驾，谁之罪哉？梅以重叶、绿萼、玉蝶、百叶缃梅为上，海棠以西府、紫绵为上，牡丹以黄楼子、绿蝴蝶、西瓜瓤、大红、舞青猊为上，芍药以冠群芳、御衣黄、宝妆成为上，榴花深红、重台为上，莲花碧台、锦边为上，木樨球子、早黄为上，菊以诸色鹤翎、西施、剪绒为上，蜡梅罄口香为上。诸花皆名品，寒士斋中理不得悉致，而予独叙此四种者，要以判断群菲，不得使常闺艳质杂诸奇卉之间耳。夫一字之褒，荣于华衮，今以蕊宫之董狐，定华林之《春秋》，安得不严且慎哉！孔子曰：『其义则丘窃取之矣。』

三、器具

养花瓶亦须精良。譬如玉环、飞燕，不可置之茅茨；又如嵇、阮、贺、李，不可请之酒食店中。尝见江南人家所藏旧觚，青翠入骨，砂斑垤起，可谓花之金屋。其次官、歌、象、定等窑，细媚滋润，皆花神之精舍也。大抵斋瓶宜矮而小，铜器如花觚、铜觯、尊罍、方汉壶、素温壶、匾壶，窑器如纸槌、鹅颈、茄袋、花尊、花囊、蓍草、蒲槌，皆须形制短小者，方入清供。不然，与家堂香火何异？虽旧亦俗也。然花形自有大小，如牡丹、芍药、莲花，形质既大，不在此限。尝闻古铜器入土年久，受土气深，用以养花，花色鲜明如枝头，开速而谢迟，就瓶结实，陶器亦然，故知瓶之宝古者，非独以玩。然寒微之士，无从致此，但得宣、成等窑磁瓶各一二枚，亦可谓乞儿暴富也。冬花宜用锡管，北地天寒，冻水能裂铜，不独磁也，水中投硫黄数钱亦得。

四、择水

京师西山碧云寺水、裂帛湖水、龙王堂水，皆可用。一入高梁桥，便为浊品。凡瓶水，须经风日者。其他如桑园水、满井水、沙窝水、王妈妈井水，味虽甘，养花多不茂。苦水尤忌，以味特咸，未若多贮梅水为佳。贮水之法：初入瓮时，以烧热煤土一块投之，经年不坏。不独养花，亦可烹茶。

五、宜称

插花不可太繁，亦不可太瘦。多不过二种三种，高低疏密，如画苑布置方妙。置瓶忌两对，忌一律，忌成行列，忌以绳束缚。夫花之所谓整齐者，正以参差不伦，意态天然，如子瞻之文，随意断续，青莲之诗，不拘对偶，此真整齐也。若夫枝叶相当，红白相配，此省曹墀下树，墓门华表也，恶得为整齐哉？

⊛六、屏俗

室中天然几一，藤床一。几宜阔厚，宜细滑。凡本地边栏漆卓，描金螺钿床及彩花瓶架之类，皆置不用。

⊛七、花祟

入『花之忌』卷。

⊛八、洗沐

京师风霾时作，空窗净几之上，每一吹号，飞埃寸余。瓶君之困辱，此为最剧，故花须经日一沐。夫南威、青琴，不膏粉，不栉泽，不可以为姣。今以残芳，垢面秽肤，无刻饰之工，而任尘土之质，枯萎立至，吾何以观之哉？夫花有喜怒、寤寐、晓夕，浴花者得其侯，乃为膏雨。淡云薄日，夕阳佳月，花之晓也；狂号连雨，烈焰浓寒，花之夕也；唇檀烘日，媚体藏风，花之喜也；晕酣神敛，烟色迷离，花之愁也；欹枝困槛，如不胜风，花之梦也；嫣然流盼，光华溢目，花之醒也。晓则空庭大厦，昏则曲房奥室，愁则屏气危坐，喜则欢呼调笑，梦则垂帘下帷，醒则分膏理泽，所以悦其性情，时其起居也。浴晓者上也，浴寐者次也，浴喜者下也。若夫浴夕浴愁，直花刑耳，又何取焉。浴之之法：用泉甘而清者细微浇注，如微雨解醒，清露润甲。不可以手触花，及指尖折剔，亦不可付之庸奴猥婢。浴梅宜隐士，浴海棠宜韵致客，浴牡丹、芍药宜靓妆妙女，浴榴宜艳色婢，浴木樨宜清慧儿，浴莲宜道流，浴菊宜好古而奇者，浴蜡梅宜清瘦僧。然寒花性不耐浴，当以轻绡护之。标格既称，神彩自发，花之性命可延，宁独滋其光润也哉？

❁九、使令

花之有使令，犹中宫之有嫔御，闺房之有妾媵也。夫山花草卉，妖艳实多，弄烟惹雨，亦是便嬖，恶可少哉？梅花以迎春、瑞香、山茶为婢，海棠以苹婆、林檎、丁香为婢，牡丹以玫瑰、蔷薇、木香为婢，芍药以莺粟、蜀葵为婢，石榴以紫薇、大红千叶木槿为婢，莲花以山矾、玉簪为婢，木樨以芙蓉为婢，菊以黄白山茶、秋海棠为婢，蜡梅以水仙为婢，诸婢姿态，各盛一时，浓淡维俗，亦有品评：水仙神骨清绝，织女之梁玉清也；山茶鲜妍，瑞香芬烈，玫瑰旖旎，芙蓉明艳，石氏之翾风、羊家之净琬也；林檎、苹婆姿媚可人，潘生之解愁也；莺粟、蜀葵妍于篱落，司空图之鸾台也；山矾洁而逸，有林下气，鱼玄机之绿翘也；黄白茶韵胜其姿，郭冠军之春风也；丁香瘦，玉簪寒，海棠娇，然有酸态，郑康成、崔秀才之侍儿也。其他不能一一比像，要之皆有名于世。柔佞纤巧，颐气有余，何至出子瞻榴花、乐天秋草下哉！

⊗十、好事

嵇康之锻也，武子之马也，陆羽之茶也，米颠之石也，倪云林之洁也，皆以癖而寄其磊块俊逸之气者也。余观世上语言无味、面目可憎之人，皆无癖之人耳。若真有所癖，将沉湎酣溺，性命死生以之，何暇及钱奴宦贾之事？古之负花癖者，闻人谈一异花，虽深谷峻岭，不惮蹶躄而从之，至于浓寒盛暑，皮肤皴鳞，汗垢如泥，皆所不知。一花将萼，则移枕携襆，睡卧其下，以观花之由微至盛至落至于萎地而后去。或千株万本以穷其变，或单枝数房以极其趣，或臭叶而知花之大小，或见根而辨色之红白，是之谓真爱花，是之谓真好事也。若夫石公之养花，聊以破闲居孤寂之苦，非真能好之也。夫使其真好之，已为桃花洞口人矣，尚复为人间尘土之官哉？

⊛十一、清赏

茗赏者上也，谈赏者次也，酒赏者下也。若夫内酒、越茶及一切庸秽凡俗之语，此花神之深恶痛斥者，宁闭口枯坐，勿遭花恼可也。夫赏花有地有时，不得其时而漫然命客，皆为唐突。寒花宜初雪，宜雪霁，宜新月，宜暖房。温花宜晴日，宜轻寒，宜华堂。暑花宜雨后，宜快风，宜佳木荫，宜竹下，宜水阁。凉花宜爽月，宜夕阳，宜空阶，宜苔径，宜古藤巉石边。若不论风日，不择佳地，神气散缓，了不相属，此与妓舍酒馆中花何异哉？

⊛十二、监戒

宋张功甫《梅品》，语极有致，余读而赏之，拟作数条，揭于瓶花斋中。花快意凡十四条：明窗，净室，古鼎，宋砚，松涛，溪声，主人好事能诗，门僧解烹茶，蓟州人送酒，座客工画花卉，盛开快心友临门，手抄艺花书，夜深炉鸣，妻妾校花故实。花折辱凡二十三条：主人频拜客，俗子阑入，蟠枝，庸僧谈禅，窗下狗斗，莲子衚衕歌童，弋阳腔，丑女折戴，论升迁，强作怜爱，应酬诗债未了，盛开家人催算帐，检《韵府》押字，破书狼籍，福建牙人，吴中赝画，鼠矢，蜗涎，僮仆偃蹇，令初行酒尽，与酒馆为邻，案上有黄金白雪、中原紫气等诗。燕俗尤竞玩赏，每一花开，绯幕云集。以余观之，辱花者多，悦花者少。虚心检点，吾辈亦时有犯者，特书一通座右，以自监戒焉。

花寄瓶中，与吾曹相对，既不见摧于老雨甚风，又不受侮于钝汉粗婢，可以驻颜色，保令终，岂古之瓶隐者欤？郁伯承曰：『如此，则罗虬《花九锡》亦觉非礼之礼，不如石公之爱花以德也，请梓之。』

扫花头陀陈继儒识

◉附 孙真人种菊花法

三门谷雨后种

红叶菊、千叶甘菊、金铃菊、紫干菊、千叶白菊、紫菊、扫叶菊、黄簇菊、青心柿菊、五色菊、莲子菊、大黄金菊

范石湖云，吴下老圃伺春苗，尺许时掇去其颠，数日则岐出两枝，又掇之，每掇益岐，至秋则一干所出数百千朵，婆娑团栾，如车盖熏笼矣。人力勤，土又膏沃，花亦为之屡变。

《沈庄可谱》云，吴门菊自有七十二种，春分前以根中发出苗裔，用手逐枝柯劈开，每一柯种一株，后长及一尺，则以一尺高篮盖覆。每月遇九日，有出篮外者，则去其脑，至秋分则不去矣。夏间每日清水浇灌，遇夜去其篮承露，至早复盖，不可使干枯，如此之后结蕊，则平齐矣。

《沈谱》云，予在豫章，见菊多有佳者，尝问之，园丁则云菊每岁以上巳前后数日分种，失时则花少而叶多。如不分置他处，非惟丛不繁茂，往往一根数干，一干之花，各自别样，

所以命名不同。菊开过，以茆草裹之，得春气，则其旧年柯叶复青，渐长成其树，但次年不着花。第二年则接续着花，仍不畏霜矣。

梅雨时收菊丛边小株分种，俟其茂，则摘去心苗，欲其成小丛也，秋到则不摘。

黄白二菊，各披去一边皮，用麻皮札合，其开花则半黄半白。

菊花大蕊未开，逐蕊以龙眼壳罩之，至欲开时，隔夜以硫黄水灌之，次早去其罩，则大开。

大笑菊及佛顶菊、御爱黄，至谷雨时，以其枝插于肥地，亦能活愚常试之，至秋亦着花

种菊所宜向阳，贵在高原，其根恶水，不宜久雨，久雨可于根傍加泥，令高以泄水。

分种小株，宜以粪水酵土而壅之，则易盛。按，刘君蒙亦有栽锄粪养之说。

菊宜种园蔬内肥沃之地，如欲其净，则浇壅舍肥粪而用河渠之泥。

种菊之地常要除去蜒蚰，则苗叶免害。

第九卷

花之情

檇李 仲遵 王路 纂修

男女、尊卑、长幼，凡与花事相关者，悉萃焉。

卷九索引

⊛人面桃花　再生

唐崔护清明游城南，见庄居桃花绕宅，扣门求浆，有女子应门，取水饮。护目注良久，如不胜情而入。明年复往，则门户扃锁，因题诗于左扉，曰：『去年今日此门中，人面桃花相映红。人面只今何处去，桃花依旧笑春风。』后数日复往，闻哭声，问之，有老父出，曰：『君非崔护耶？君杀吾女！吾女笄年未嫁，自去年以来常恍惚，如有所失，比日与之出，归见左扉诗，入门遂病，绝食数日而死。』崔为感动，谐灵前举女尸而祝曰：『某在斯。』须臾，女复活，遂谐伉俪。

⊛秋期菊蕊　私约

古有女子与人约曰：『秋以为期。』至冬犹未相从，其人谓曰：『菊花枯矣，秋期若何？』女戏曰：『是花虽枯，明当更发。』未几，菊更生蕊。

⊛无瑕玉花　化物

无瑕尝着素桂裳折桂，明年开花，洁白如玉，女伴折取簪髻，号无暇玉花。

⊛沧州金莲　摇舞

沧州金莲花，其形如蝶，每微风则摇荡如飞，妇人竞采之为首饰。语曰：『不戴金莲花，不得到仙家。』

寿阳梅花 点妆

宋武帝女寿阳宫主，人日卧于含章殿檐下，梅花落于额上，成五出之花，拂之不去，号为『梅花妆』，后之宫人皆效之。

指印红痕 弄脂

明皇时有献牡丹者，名杨家红。时贵妃匀面，口脂在手，印于花上。来岁花开，瓣上有指印红痕，帝名为『一捻红』。

紫荆花 兄弟

田真兄弟三人欲分财产，堂前有紫荆一株，花茂盛，夜议分为三，晓即憔悴。叹曰：『物尚如此，何况人乎？』遂不复分，荆花复茂。

并蒂花 男女

大名民家有男女，私情不遂，赴水，死后三日，二尸相携而出。是岁，此陂荷花无不并蒂。

点衣花 会心

玄宗幸连昌，见杨花点妃子衣，曰：『似解人意。』

断肠花 怀人

昔有女子，怀人不至，涕泪洒地，后其处生草花，色如妇面，名『断肠花』，即今秋海棠也。

助娇花 簪折

《开元遗事》：明皇御苑千叶桃花开，折一枝簪贵妃宝髻，曰：『簪此花亦能助娇。』

着忙花 萦系

《遁斋闲览》云：槐花黄，举子忙。夫花能令人着忙，花为人忙耶？人为花忙耶？不可不参。

轻薄絮 笑语

陈后主与丽华游后园，有柳絮点衣，丽华谓后主曰：『何能点人衣？』曰：『轻薄物，诚卿意也。』丽华笑而不答。

解语花 比美

《天宝遗事》：太液池开千叶莲花，帝与妃子赏，指花谓左右曰：『何似我解语花耶？』

第十卷

花之味

槜李　仲遵　王路　纂修

夫花以供人清玩，欲食之、饮之、羹之、茗之，不几花兀乎？然食与色，性也，味之深，正玩之至，则谓花事中，百尺竿头亦可。

卷十索引

寒香沁肺

铁脚道人尝爱赤脚走雪中，兴发则朗诵《南华·秋水篇》，嚼梅花满口，和雪咽之，曰：『吾欲寒香沁入肺腑。』

秾艳烹酥

孟蜀时，李昊每将牡丹花数枝分遗朋友，以兴平酥同赠，曰：『俟花凋谢，即以酥煎食之，无弃秾艳。』其风流贵重如此。

吞花卧酒

虞松方春，谓：『握月担风，且留后日。吞花卧酒，不可过时。』

服竹饵桂

离娄公服竹汁及饵桂，得仙。

杨花粥

洛阳人家，寒食煮杨花粥。

⊛莲花饮

雍熙中，君房寓庐山开光寺，望黄石岩瀑水中一大红叶，泛泛而下，僧取之，乃莲一叶，长三尺，阔一尺三寸。君房因分花叶，磨汤饮之，其莲香经宿不散。

⊛分枝荷

昭帝穿琳池，植分枝荷，花叶虽萎一作杂萎，食之口气常香，宫人争相含嚼。

⊛碧芳酒

房寿六月召客，捣莲花制碧芳酒。

⊛桃李花

崔元徽遇数美人，杨氏、李氏、陶氏，又绯衣少女石醋醋，又有封家十八姨来，石醋醋曰：『诸女皆居苑中，每被恶风所挠，尝求十八姨相庇。处士但于每岁旦作一朱幡图，以日月五星之文，立之苑东，则免难矣。』崔果立幡，是日东风甚恶，而苑中花皆不动，方悟姓杨、李、陶皆众花之精，醋醋即石榴，封姨乃风神也。后数夜，杨氏辈复来，各裹桃李花数斗以谢，云：『服之，可以却老。』

榴花酒

崖州妇人以安石榴花着釜中，经旬即成酒，其味香美，仍醉人。

夜合酒

杜羔妻赵氏，每岁端午时，取夜合花置枕中。羔稍不乐，辄取少许入酒，令婢送饮，便觉欢然。

菊花

朱孺子入玉笥山，食菊花而乘云上天。

菊花酒

汉宫人采菊花并茎，酿之以黍米，至来年九月九日熟而就饮，谓之菊花酒。

落梅菜

宪圣时每治生菜，必于梅下取落花以杂之。

⊛百花食

偓佺尝采百花以为食，生毛数寸，能飞，不畏风雨。

⊛百花糕

唐武则天花朝日游园，令宫女采百花，和米捣碎蒸糕，以赐从臣。

⊛花浸酒

杨恂遇花时，就花下取蕊，粘缀于妇人衣上。微用蜜蜡，兼挼花浸酒，以快一时之意。

⊛吸花露

太真宿酒初消，多苦肺热。尝凌晨独游后苑，傍花树以手攀枝，口吸花露，藉以润肺。

⊛玉兰瓣

玉兰花瓣，择洗精洁，拖面，麻油煎食，至妙至美。

⊛牡丹花

牡丹花煎法与玉兰同，可食，可蜜浸，玉兰亦可蜜浸。

郫筒酒

山涛治郫时，刳大竹，酿酴醾作酒，兼旬方开，香闻百步外，故蜀人传其法。

五佳皮

取其皮阴干，囊之入酒，能使人延年去疾，叶有五尖者佳。

丝瓜花

梅卤浸，可点茶。新摘烹食，味鲜，与瓜味并美。

桃花饮

《太清诸卉木方》曰：『酒渍桃花而饮之，除百病，好容色。』

换骨膏

唐宪宗以李花酿换骨膏，赐裴度。

甘菊饮

康风子饮甘菊而仙，甘菊原可点茶，又能清目。

⊛栀子

有大朵重台者，梅酱蜜糖制之，可作美菜。

⊛金雀

可采，以滚汤着盐焯过，作茶供一品。

⊛橙花

以之蒸茶，向为龙虎山进御绝品，园林宜多种多收。

⊛玉簪

其花瓣拖面，入少糖霜并食，香清味淡，可入清供。

⊛慈菰

水中种之，每窠花挺一枝，上开数十朵，香色俱无，惟根秋冬取食甚佳。

⊛酴醾

蜀人取之造酒。

紫花

遍地丛生，花紫可爱，柔枝嫩叶，摘可作蔬，春时子种。

萱花

惟蜜色者可作蔬，不可不多种也。春可食苗，夏可食花，比他花更多二事。

凤仙

其枝肥大者可食，法详《尊生八笺》。

桂酒

惠州博罗出，苏轼有颂。

芭蕉

中心一朵，晓生甘露，其甜如蜜。即常芭蕉亦开黄花，至晓，瓣中甘露如饴，食之止渴延龄。

夜合花

根可食，一年一起，去其最大者供食，小者用肥土排之，如种蒜法。六七月买大种，上以鸡粪壅之，则春发成，一干五六花。一种如萱花，红斑黑点，瓣俱反卷一叶，瓣生一子，名『回头见子』。花茂者，干两三花，无香，亦喜鸡粪，其性与百合同，最贱，取其色好看。根亦与百合同，亦可食，味少苦，取种者辨之。

桂菊点茶

桂花卤浸，或梅卤尤佳，点茶香先一室，菊英风之入茶，为清供之最。有甘菊种，更宜茶品。二花相为后先，然可备四时之用。

续花味目

松子

《列仙传》：文宾取妪，数十年辄弃之，后妪老，年九十余，续见宾，年更壮，拜泣。至正月朝会乡亭西社中，宾教令服菊花、地肤、桑上寄生、松子以益气，妪亦更壮，复百余岁。

⊛紫菊

《宝椟记》云：宣帝异国贡紫菊，一茎蔓延数亩，味甘，食者至死不饥渴。

⊛芦菔鲊

唐冯贽《云仙散录》引《蛮瓯志》云：白乐天入关，斋禹锡，正病酒。禹锡乃馈菊苗齑、芦菔鲊，换取乐天六班茶二囊，以醒酒。

⊛石崖菊

《沈谱》云：旧日东平府有溪堂，为郡人游赏之地，溪流石崖间至秋州，人泛舟溪中，采石崖之菊以饮，每岁必得一二种新异之花。

⊛佳蔬

吴致尧《九疑考古》云：『春陵旧无菊，自元次山始植。』《沈谱》云：『次山作《菊圃记》云：「在药品是为良药，为蔬菜是佳蔬也。」』

⊛白菊酒

白菊酒法，春末夏初收软苗阴干，捣末，空取一方寸匕，和无灰酒服之。若不饮酒者，但和美粥汁服之亦得。秋八月合花收，曝干，切取三大斤，以生绢囊盛，贮浸三大斗酒中，经七日服之。今诸州亦有作菊花酒者，其法得于此。

⊛菊花末

《千金方》：九月九日菊花末，临饮服方寸匕，主饮酒令人不醉。

⊛菊花醖

《圣惠方》云：治头风，用九月九日菊花暴干，取家糯米一斗蒸熟，用五两菊花末，如常酝法，多用细面曲酒，熟即压之去滓，每暖一小盏服之。郭元振《秋歌》云：『辟恶茱萸囊，延年菊花酒。与子结绸缪，丹心此何有。』

⊛菊茶

郑景龙《续宋百家诗》云：本朝孙志举有《访王主簿同泛菊茶》诗云：『妍暖春风荡物华，初回午梦颇思茶。难寻北苑浮香雪，且就东篱撷嫩芽。』

⊛菊苗茶

洪景严遵和弟景庐迈《月台》诗云：『筑台结阁两争华，便觉流涎过曲车。户小难禁竹叶酒，睡多须藉菊苗茶。』

⊛助茶香

唐释皎然有《九日与陆处士羽饮茶》诗云：『九日山僧院，东篱菊也黄。俗人多泛酒，谁解助茶香。』陆放翁《冬夜与溥庵主说川食》诗：『何时一饱与子同，更煎土茗浮甘菊。』人或有以菊花磨细，入于茶中啜之者。

⊛小甘菊

文保雍《菊谱》中有《小甘菊》诗：『茎细花黄叶又纤，清香浓烈味还甘。祛风偏重山泉渍，自古南阳有菊潭。』此诗得于陈元靓《岁时广记》，然所谓保雍之谱，恨未之识也。

⊛香木露

屈原《离骚》经：『朝饮木兰之坠露兮，夕餐秋菊之落英。』王逸注云：『言但饮香木之坠露，吸正阳之津液，暮食芳菊之落华，吞正阴之精蕊。』洪兴祖补注曰：『秋花无自落者，当读如「我落其实而取其华」之「落」。』又据一说云：『诗之访落，以落训始也。意落英之落，为始开之花，芳馨可爱。若至于衰谢，岂复有可餐之味？』

⊛黄花

晋成公绥《菊花铭》：『数在二九，时惟斯生。』又有《菊颂》曰：『先民有作，咏兹秋菊，绿叶黄花，菲菲彧彧，芳逾兰蕙，茂过松竹，其茎可玩，其葩可服。』

第十一卷

花之荣

檇李 仲遵 王路 纂修

大约出于古迹，而花有荣施者，靡不参录。

卷十一索引

盛赏

王简卿尝赴张功镃牡丹会，云：『众宾既集一堂，寂无所有。』俄问左右云：『香发未？』答曰：『已发。』命卷帘，则异香自内出，郁然满座，群伎以酒肴丝竹次第而至，别有名姬十辈，皆衣白，凡首饰衣领皆牡丹，首带照殿红，一伎执板奏歌侑觞，歌罢乐作乃退。复垂帘，谈论自如。良久，香起，卷帘如前，别十姬易服与花而出，大抵簪白花则衣紫，紫花则衣鹅黄，黄花则衣红，如是十杯，衣与花凡十易，所讴者皆前辈牡丹名词。酒竟，歌乐无虑百数十人，列行送客，烛光香雾，歌吹杂作，客皆恍然如仙游。

图像

李泰伯携酒赏牡丹，乘醉取笔蘸酒图之，明晨嗅枝上花，皆作酒气。

新赏

明皇植牡丹数本于沉香亭前，会花方繁开，上乘照夜，白妃子以步辇从，诏梨园子弟，李龟年手捧檀板，押众乐前，将欲歌，上曰：『赏名花，对妃子，焉用旧乐词为？』遽命龟年持金花笺，宣赐翰林李白立进《清平乐》词三章，承旨，犹苦宿酲，因援笔赋之云云。

胜赏

唐李进贤好宾客，属牡丹盛开，以赏花为名，引宾归内室，楹柱皆列锦绣，器用悉是黄金，阶前有花数丛，覆以锦幄。妓妾俱服纨绮，执丝簧，善歌舞者至多，客之左右皆有女仆双鬟者二人，所须无不毕至。承接之意，常日指使者不如。芳酒绮肴，穷极水陆，至于仆乘供给，靡不丰盈。自午迄于明晨，不睹杯盘狼籍。

美呪

北齐卢士深妻，崔林义之女，有才学，春日以桃花靧儿面，呪曰：『取桃花取白雪与儿洗面，作光悦；取白雪取桃花与儿洗面，作妍华；取花红取雪白与儿洗面，作光泽；取雪白取花红与儿洗面，作华容。』

美赞

张茂卿家居颇事声伎，一日园中樱桃花开，携酒其下，曰：『红粉风流，无逾此君。』悉屏妓妾。

荣名之赐

庐山僧舍有麝囊花一丛，江南后主诏取十根，植于移风殿，赐『蓬莱紫』。

锦袍之赐

徐志诰会客，令赋蔷薇诗，先成者赐以锦袍，陈浚先得之。

囊佩

宋时宫院多采玫瑰花，杂脑麝以为香囊，芬氤袅袅不绝。

爱赏

元陶宗仪饮夏氏清樾堂上，酒半，折正开荷花，置小金卮于其中，命歌姬捧以行，酒客就姬取花，左手执枝，右手分开花瓣，以口就饮，名为解语杯。

点缀

霍光园中凿大池，植五色睡莲，养鸳鸯三十六对。望之，烂若披锦。

吹嘘

宋孝宗禁中纳凉，多置茉莉、建兰等花，鼓以风轮，清芳满殿。

静咏

钱塘西湖有诗僧清顺居其下，自名藏吾一作春坞，门前有二古松，各有凌霄花络其上。顺尝昼卧，苏子瞻为郡，一日屏骑从过之。松风掻然，顺指落花觅句，子瞻为作《木兰花》词。

珍爱

唐玄宗赐虢国夫人红水仙十二盆，盆皆金玉，七宝所造。

游赏

长安侠少每至春时，接朋联党，各置矮马，饰以锦鞯金鞈，并辔于花树下，往来使仆从执酒皿而随之，遇好囿则驻马而饮。

护赏

陈芸叟尝集种异花围绕亭榭，散步花间，霞雪掩映，曰：『此我家锦步障也。』

崇奉

罗虬作《花九锡》，一曰重顶幄障风，二曰金错刀剪折，三曰甘泉浸，四曰玉缸贮，五曰雕文台座安置，六曰画图写，七曰艳曲翻，八曰美醑赏，九曰新诗咏。

勅赏

唐懿宗开新第，宴于同疑作『曲』江，乃命折花一金合，令中官驰至宴所，宣口勅曰：『便令戴花、饮酒』，无不为荣。

卧赏

吴孺子每瓶中花枝狼籍，则以散衾裀间卧之。

祈酬清嘉

陆贾使南越，尉陀与之泛舟锦石山下，贾默祷曰：『我若说越王肯称臣，当以锦裹石，为山灵报。』使还，遂出囊中装，募人植花卉以当锦。

⊛斗胜赏

长安士女春时斗花，以奇花多者为胜，皆以千金市名花，植于庭中，以备春时之斗。

⊛欣赏

牛僧儒治第洛阳，多致嘉石美花，与宾客相娱乐。

⊛美人拔拂

汉武帝尝以吸花丝所织锦赐丽娟，命作舞衣，春暮，宴于花下，舞时故以袖拂落花，满身都着，舞态愈媚，谓之『百花舞』。按，丽娟善歌，体态殆不胜衣，尝唱《回风曲》，庭花尽落

⊛标美

张功甫列梅花荣宠六则，为烟尘不染，为铃索护持，为除地镜净、落瓣不淄，为王公旦夕留盼，为诗人阁笔评量，为妙妓澹妆雅歌。

⊛御苑繁华

宋孝宗禁中赏花非一，先期后苑及修内司分任排办。凡诸苑亭榭花木，妆点一新，锦帘销幕，飞梭绣球，以至茵褥设放，器玩盆窠，珍禽异物，各务奇丽，又命小珰内司列肆关扑，

珠翠冠朵，篦环绣缎，画领花扇，官窑定器，孩儿戏具，闹竿龙船等物，及有买卖果木、酒食、饼饵、蔬茹之类，莫不备具，悉效西湖景物。越自梅堂赏梅，芳春堂赏杏，桃花源观桃，粲锦堂金林擒，照妆亭海棠，兰亭修禊。至于钟美堂大花为极盛，堂前三面，皆以花石为台，三层各植名品，标以象牌，覆以碧幕，后台分植玉绣球数百株，俨如镂玉屏。堂内左右，各列三层，雕花彩槛，护以彩色牡丹画衣，间列碾玉、水晶、金壶，及大食玻璃、官窑等瓶，各簪奇品，如姚、魏、御衣黄、照殿红之类几千朵，别以银箔间贴大斛，分种数千百窠，分列四面，至于梁栋、窗户间，亦以湘筒贮花，鳞次簇插，何翅万朵。堂中设牡丹红锦地茵，自中殿妃嫔以至内官，各赐翠叶牡丹，分枝铺翠牡丹、御书画扇、龙涎、金合之类有差。下至伶官乐部等人，亦沾恩赐，谓之『随花赏』。或天颜悦怿，谢恩赐予，多至数次。至春暮，则稽古堂、会瀛堂赏琼花，静侣亭、紫笑净香亭采兰、挑笋，则春事已在绿阴芳草间矣。大抵内宴赏，初坐，再坐，插金盘架者，谓之『排当』，否则谓之『进酒』。

⊛ 九标

《承平旧纂》箫禹、陈叔达于龙昌寺看李花，相与论李有『九标』，谓：香、雅、细、淡、洁、密、宜夜月、宜绿鬓、宜泛酒。

⊛ 新野乐

梁文帝南巡至新野，临潭水，两见菖蒲花，乃歌曰：『两菖蒲，新野乐。』遂以两菖蒲寺以美之。

⊛ 三殿看花

乾道三年三月初十日，南内遣阁长至德寿宫奏知，连日天气甚好，欲一二日间恭邀车驾幸聚景园看花，取自圣意选定一日。太上云：『传语官家，备见圣孝，但频频出去，不惟费用，又且劳人。本宫后园亦有几株好花，不若来日请官家过来闲看。』遂遣提举官同到南内奏过，遵依。次日进早膳后，车驾与皇后、太子过宫。起居二殿讫，先至灿锦亭进茶，宣召吴郡王会两府已下六员侍宴，同至后苑看花。两廊并是小内侍及摹士，效学西湖铺设，珠翠花朵，玩具匹帛，及花篮、闹竿、市食等。许从内人关扑。次至球场，看小内侍抛彩球，蹴秋千。又至射厅看自戏，依例宣赐。回至清妍亭看荼蘼，就登御舟，绕堤闲游，亦有小舟数十只，供应杂艺、嘌唱、鼓板、蔬果，无异湖中。太上倚栏闲看，适有双燕掠水飞过，得旨令曾觌进词赋，遂进《阮郎归》，云：『柳云庭院占风光，呢喃春昼长。碧波新涨小池塘，双双蹴水忙。萍散漫，絮飞扬，轻盈体态狂。为怜流，水落花香，衔将归画梁。』既登舟，知阁张抡进《柳梢青》，云：『柳色初浓，余寒似水，纤雨如尘。一阵东风，谷纹微皱，碧沼鳞鳞。仙娥花月精神，奏凤管，鸾弦斗新。万岁声中，九霞杯内，长醉芳春。』曾觌和进云：『桃靥红匀，梨腮粉薄，鸳径无尘。凤阁凌虚，龙池澄碧，芳意鳞鳞。清时酒圣花神，看内苑，风光又新。一部仙韶，九重鸾仗，天上长春。』各有宣赐。次至静乐堂看牡丹，进酒三杯。太后邀太皇、官家同到刘婉容奉华堂，听摘阮奏曲罢，婉容进茶讫，遂奏太后云：『近教得二女童琼华、绿华，并能琴阮、下棋、写字、画竹、背诵古文，欲得就纳与官家杂剧。』遂令各呈伎艺，并进自制阮谱三十曲。太后遂宣赐婉容宣和殿玉轴沉香槽三峡流泉正阮一面，白玉九芝道冠、北珠绿领道氅，银绢三百匹两，会子三百万贯。是日三殿并醉，酉牌还内。

◉附　花亨泰

见《牡丹志》

闰三月、五风十雨、主人多喜事、婢能歌乐、妻孥不倦排当、童仆勤干、子弟蕴藉、正开值生日、欲谢时待解酲、门僧解栽接、借园亭张筵、从贫处移入富家末条似未妥，富有浊憎，贫亦有清赏

第十二卷

花之辱

槜李 仲遵 王路 纂修

秽浊弃捐，凡为花屈辱者皆是。

卷十二索引

❁黑牡丹

唐末刘训者，京师富人。京师春游以牡丹为胜赏，训邀客赏花，乃系水牛累百于门，人指曰：『此刘氏黑牡丹也。』

❁卖笑花

武帝与丽娟看花，时蔷薇始开，态若含笑。帝曰：『此花绝胜佳人笑也。』丽娟戏曰：『笑可买乎？』帝曰：『可。』丽娟遂奉黄金百斤为买笑钱。蔷薇名『卖笑花』，自丽娟始。

❁油花卜

池阳上巳日，妇人以荠花点油，祝而洒之水中，若成龙凤花卉之状则吉，谓之油花卜。

❁裸游馆

灵帝起裸游馆千间，渠水绕砌，莲大如盖，长一丈，夜舒昼卷，名『夜舒荷』。宫人靓妆，解上衣，着内服，或共裸浴。

⊛仓獭

无锡湖陂雨初止，陂吏见一妇人，着青衣戴伞，呼之不得。自投陂中，乃是一大仓獭，衣、伞皆是荷花。

⊛卖客

宋杭州每处有私名妓数十辈，皆时妆袪服，巧笑争妍。夏月茉莉盈头，香满绮陌，凭阑招邀，谓之卖客。

⊛肉身水仙

宝儿每夜采水仙花一斗，覆裙襦其上，诘朝服以见帝，帝谓之肉身水仙。

⊛裙幄

长安士女春游野步，遇名花则藉草而坐，乃以红裙递相插挂，以为宴幄。

⊛斗花禁

刘鋹在国，春深令宫人斗花，凌晨开后苑，各任采择，少顷，敕还宫，锁花门。膳讫，普集，角胜负于殿中，宦士抱关，宫人出入皆搜怀袖，置楼罗历以验姓名，法制甚严，时号花禁。负者献耍金耍银买燕。

⊛隔筒

李后主每春盛时，梁栋、窗壁、柱栱、阶砌，并作隔筒插杂花，榜曰『锦洞天』。

⊛绿拗儿

王彦章葺园亭，叠坛种花，急欲苔藓少助野意，而经年不生，顾弟子曰：『叵耐这绿拗儿。』

⊛花幕

李后主宠小周后，尝于群花间作亭，幕以红罗，押以玳牙，雕绘华侈，而制极迫小，仅容二人。每与后酣饮其中，他宠嬖莫与也。

⊛头带花

孙周翰自幼精敏，其父穆之携以见郡侯，时赏春作会。侯与坐客簪花，因命周翰曰：『口吹杨柳成新曲。』翰曰：『头带花枝学后生。』侯笑曰：『何遽便戏老夫。』

鬉角戴花

丐者正江，居宛丘。游于市中，尝鬉角戴花，小儿群聚，捽骂之，江嬉笑自若。

插花

楞伽贫女插花讴歌，夜宿古墓。

花舆

洛阳人家，寒食妆万花舆。

花见羞

明宗同王淑妃看花，一花无风摇动，众叶翻然覆之。明宗笑曰：『此淑妃明秀，花见亦为之羞也。』自后宫中，呼为『花见羞』。

蝶幸

明皇春晏宫中，妃嫔各插艳花，帝捉粉蝶放之，随蝶所止，幸焉。杨妃入宫，不复此戏。

花街

长安市平康巷多种花柳，为妓女所居，谓之花街柳陌。

❁粉花

杨用修在泸州尝醉，胡粉傅面，作双丫髻插花，门生舁之，诸妓捧觞，游行城市，了不为怍。

❁射覆

陈慥家蓄数姬，每日晚藏花一枝，使诸姬射覆，中者留宿，时号花媒。

❁花狮子

曲江贵家游赏，则剪百花妆成狮子相送遗。狮子有小连环，欲送则以蜀锦流苏牵之，唱曰：『春光且莫去，留与醉人看。』

❁铺坐

唐许慎选放旷，不拘小节，多与亲友结宴花圃中，未尝张帷幄设坐，只使童仆聚落花铺坐下，曰：『吾自有花茵。』

❁括香

唐穆宗每宫中花开，则以重顶帐蒙蔽栏槛，置惜春御史掌之，号曰『括香』。

⊛**杏幸**

赵清献公帅蜀，有妓戴杏花，清献喜之，戏曰：『头上杏花真可幸。』妓应声曰：『枝间梅子岂无梅。』公益喜。

⊛**柳叶**

唐张籍，性躭花卉，闻贵侯家有山茶一株，花大如盎，度不可得，乃以爱姬柳叶换之，人谓『花淫』。

⊛**荻球**

政黄牛冬不拥炉，以荻花作球，纳足其中，客至，与共之。

⊛**窃兰**

霍定与友人游曲江，以千金求人窃贵侯亭榭中兰花插帽，兼自持往罗绮丛中卖之，士女争买，抛掷金钱。

⊛莲貌

莲本出於泥而不滓，故为净友。唐张昌宗乃以姿貌幸，杨再思曰：『人言六郎似莲花，非也，正谓莲花似六郎耳。』反令花有厚颜，妄遭玷辱。

◉附 梅花屈辱 十二则

张功甫品梅，为列花屈辱，凡十二条：为主人不好事，为主人悭鄙，为种富家园内，为与粗婢命名，为蟠结作屏，为赏花命猥伎，为庸僧窗下种，为酒食店内插瓶，为树下有狗矢，为枝上晒衣，为青纸屏粉画，为生猥巷秽沟边。

【又】诸花二则

为赏花动鼓板，为花径阳道。

第十三卷 花之忌

槜李 仲遵 王路 纂修

大略于花非所宜，而有妨碍者，悉罗之。

卷十三索引

牡丹

北方地厚，忌灌肥粪、油粑肥壅；忌触麝香、桐油、漆器；忌用热手搓磨摇动；忌草长藤缠，以夺土气，伤花；四旁忌踏实，便地气不升；忌初开时即便采折，令花不茂；忌人以乌贼鱼骨针刺花根，则花弊凋落。此牡丹之所忌也。

【又】疗牡丹法

或有蛀虫、蛴螬、土蚕食髓，以硫黄末入孔，杉木削针针之，则虫自死。若折断捉虫，则可惜枝干矣。

水仙

起种犯铁器，永不开花。

瑞香

恶湿畏日，宜用小便，可杀蚯蚓。或云宜用梳头垢腻，又云浣洗衣灰汁浇之，则花肥。盖瑞香根甜，得水浇，则蚯蚓不食。居家必用云漆渣及鸡鹅毛汁，或浔猪毛汤浇俱茂。最忌麝，触之即萎。有日色即盖之，不可露根，露之则不荣。若浇小便，以河水多灌，解小便之咸。大抵香花怕粪，惟瑞香尤甚。

⊛玫瑰

其根傍新发嫩枝条，勿令久存，即宜植别地，则种茂不零落。

【又】紫玫瑰花

种紫玫瑰多不久者，缘人溺浇之即毙。种以分根则茂，本肥多悴，黄亦如之。

⊛栀子

此花喜肥，宜以粪浇，然浇多太肥，又生白虱。

⊛兰花 培兰四戒

春不出，宜避春之风雪；夏不日，避炎日之销铄；秋不干，宜干则就浇水；冬不湿，不令见水成冰。

【又】去除虮虱一条

肥水浇花，必有虮虱在叶底，坏叶则损花。如生此虫，即研大蒜和水，以白笔拂洗叶上干净，虫自无矣。

❀菊花　却虫

夏至前后有虫，黑色，硬壳，正名『菊虎』，晴暖出见，只在巳、午、未三时甚热之际，宜候除之。如被伤，即于伤处摘去，免秋后生虫。虎所伤，必择壮土盛菊四旁，多种易壮盛贱种，以听菊虎之患。牙虫笼头，因菊有香，蚁上而粪之则生虫，虫长，蚁又食之，则菊笼头而不长。见有如白虱者生，即以棕帚刷去。秋后觅虫，先认粪迹，有象干虫，其色与干无异，生于叶底，上半月在叶根之上干，下半月在叶根之下干，破干取之，以纸捻缚之，常以水而润其纸条，花亦无恙。或用铁线磨为邪锋之小刃，上半月扦蛀眼向上而搜虫，下半月在蛀眼向下而搜虫。菊蚁多，则以鳖甲置于旁，蚁必集焉，移之远所。菊枝生蝌虫，用桐油围梗上，虫自死。治菊牛，每朝活蝌捣碎洒叶上，自不至。治蚯蚓，用石灰水灌河水解之。

【又】去蠹一条

害菊之物有六，一曰菊牛，二曰蚱蜢，三曰青虫，四曰黑蚰，五曰喜蛛，六曰麻雀。蚱蜢、青虫食其叶，黑蚰瘠其枝，喜蛛侵其脑，麻雀四月间作窠，啄枝衔叶。菊牛，又名菊虎，有钳，状若萤火，菊之大蠹也，露未晞时停叶间，此际可寻杀之，但飞极快，迟则不及也。

五六月内绕皮咬咋，产子在内，变为青虫。在此一叶则一叶垂，凡折去之时，必须于损处更下一二寸，庶免毒气攻及一树。以其损处劈开，必有一小黑头青虫，当捻杀之。黑蚰用线缠紧头，逐渐粘下手捻杀之。喜蛛则逐叶卷去其丝，又妨节眼内生蛀虫，用细铁线透眼杀虫。又蚯蚓亦能伤根，用纯粪浇之，杀即以河水解之。

㊉玉兰花

此花忌水浸。

㊉蔷薇

蔷薇性喜结屏，不可多肥。脑生莠虫，以煎银店中炉灰撒之，则虫毙。

㊉桂花

桂花喜阴，不宜人粪。

㊉桂兰

此花最怕烟熜。

◉附　瓶花之忌

高深甫著

瓶忌有环；忌放成对；忌用小口、瓮肚、瘦足药坛；忌用葫芦瓶；凡瓶忌雕花妆彩；花架忌置当空几上，致有颠覆之患，故官哥古瓶下有二方眼者，为穿皮条，缚于几足，不令失损；忌香烟、灯煤熏触；忌猫鼠伤残；忌油手拈弄；忌藏密室，夜则须见天日；忌用井水贮瓶，味咸，花多不茂，用河水并天落水始佳。

◉附　花祟

《瓶史》第七条

花下不宜焚香，犹茶中不宜置果也。夫茶有真味，非甘苦也；花有真香，非烟燎也。味夺香损，俗子之过。且香气燥烈，一被其毒，旋即枯萎，故香为花之剑刃。棒香合香，尤不可用，以中有麝脐故也。昔韩熙载谓木樨宜龙脑，酴醾宜沉水，兰宜四绝，含笑宜麝，檐卜宜檀。此无异笋中夹肉，官庖排当，所为非雅士事也。至若烛气、煤烟，皆能杀花，速宜摒去，谓之花祟，不亦宜哉。

第十四卷 花之运

檇李 王路 仲遵 纂修

久暂盛衰兴亡之故。

卷十四索引

瓶花

宋南渡后，端午日以大金瓶遍插葵花、石榴、栀子，环绕殿阁。偏安之景，岂能长久

蜀葵

明成化甲午，倭人入贡，见蜀葵花不识，因问国人，绐之曰：『此一丈红也。』其人以纸状其花，题诗曰：『花于木槿花相似，叶与芙蓉叶一般。五尺栏杆遮不住，特留一半与人看。』胡越一家之景，但非倭人口角

凤仙

宋时谓之金凤花，又曰凤儿花。慈懿李后之生也，有鸑鷟下仪之瑞。小名凤娘，迨正位坤极，六宫避讳称曰『好女儿花』。母仪天下，花与有荣

⊛金钱

俗名夜落金钱，出自外国。梁时外国进，花朵如钱，亭亭可爱。昔鱼弘以此赌赛，谓得花胜得钱，可谓好之极矣。用夏变夷，是花运转处。人有梦秽者，应得钱，钱本秽物，今以得花胜之，似除秽而名犹在，是夷可变而秽终不变，可惜

⊛牡丹花

唐时此种独少，长庆间开元寺僧惠澄自都下偶得一本，谓之洛花。白乐天携酒赏之，唐张处士有牡丹诗，宋苏子瞻有牡丹记。自古各家逸士，无不首爱此花者。花以人为盛衰

⊛映山红

本名山踯花，类杜鹃，稍大，单瓣，色浅，若生满山顶，其年丰稔。山花应是田禾好友，否则，何以丰歉同之？

菊花

崔实《月令》以九月九日采菊，而费长房亦教人以是日饮菊酒以禳灾，然则自汉以来尤盛也。不若陶彭泽，东篱满握，独擅千古，于晋为尤盛

争春馆

扬州太守圃中有杏花数十畷，每至烂开，张大宴，一株命一娼倚其傍，立馆曰『争春』。开元中宴罢，夜阑，人或云花有叹声。宴赏时，人花相映。至开元中，花何以独躭冷落？

红梨花

峡州署中有千叶红梨花，无人赏者。知郡朱郎中始加栏槛，命坐客赋之。花亦有侍，岂终寂寞？

香海棠

昌州海棠独香，其木合抱，号海棠香国。太守于郡前建香霏阁，每至花时，延客赋赏。香名不衰，可无遗恨

⊛芍药

东武旧俗，每岁于四月大会于南禅、资福两寺，芍药供佛最盛，凡七十余朵，皆重附累萼，中有白花正圆如覆盂，其下十余叶承之如盘。苏轼易其名曰『玉盘盂』。名下无虚，克副其盛

⊛万花会

蔡繁卿守扬州，作万花会，用芍药十万余枝。取数太多，目击者应发狂矣

⊛蔷薇花

《香谱》：大食国蔷薇花露，五代时藩使蒲何散以十五瓶来贡。露如此之多，花应几许？

⊛水仙花

宋杨仲囦，自萧山致水仙一二百本，极盛，乃以两古铜洗艺之，学《洛神赋》体，作《水仙花赋》。水仙丰骨原佳，遇杨而益昌其族

⊛芙蓉花

《成都记》：孟后主于成都城上种芙蓉，每至秋，四十里如锦绣，高下相照，因名锦城。以其花染绘为帐幔，名芙蓉帐。锦城至今如在，胜金谷锦帐七十里

⊛鼎文帔

许智老为长沙，有木芙蓉二株，可庇亩余。一日盛开，宾客盈溢。坐中有王子怀者，言花朵不踰万数，若过之，愿受罚。智老许之，子怀因指所携妓贾三英胡锦鼎文帔以酬直。智老乃命厮仆群采，凡一万三千馀朵，子怀褫帔纳主人而遁。二株花万余数已盈极，一时受兀，何大忍也

⊛木兰花

长安百姓家有木兰一株，王勃以五千买之，经年花紫。青松笑人无长色，木兰经年花紫，高价不虚

第十五卷

花之梦

携李 仲遵 王路 纂修

花属空相，幻矣，缀之以梦，是谓以幻益幻。

卷十五索引

⊛梦溪

镇江有梦溪，在丹阳经山之东。宋沈括尝梦至一小山，花如覆锦，乔木翁郁，溪水绕其下。后谪南徐，得此。

⊛兰花

郑文公妾燕姞梦天与之兰，以是为子。后文公见之，与之兰而御焉，生穆公，名兰。

⊛海棠花

蜀潘炕有嬖妾解愁，姓赵氏，其母梦吞海棠花蕊而生，颇有国色，善为新声。

⊛润笔花

郑荣尝作《金钱花》诗，未就，梦一红裳女子掷钱与之，曰：『为君润笔。』及觉，探怀中，得花数朵，遂戏呼为『润笔花』。

⊛水仙花

谢公梦一仙女畀水仙花一束，明日生谢夫人，长而聪慧，能吟咏。

【又】

姚姥住长离桥，夜梦观星坠地，化水仙一丛，摘食之，觉而生女，长而令淑有文。

⊛樱桃青衣

天宝初，有范阳卢子，在都应举，频年不第，渐窘迫。尝暮乘驴游行，见一精舍，中有僧开讲，听徒甚众。卢子方诣讲筵，倦寝，梦至精舍门，见一青衣，携一篮樱桃在下坐。卢子访其谁家，因与青衣同餐樱桃。青衣云：『娘子姓卢，嫁崔家，今孀居在城。』因访近属，即卢子再从姑也。青衣曰：『岂有阿姑同在一都，郎君不往起居？』卢子便随之。过天津桥，入水南一坊。有一宅，门甚高大。卢子立于门下，青衣先入。少顷，有四人出门，与卢子相见，皆姑之子也。一任户部郎中，一前任郑州司马，一任河南功曹，一任太常博士。二人衣绯，二人着绿，形貌甚美。相见言叙，颇极欢畅。斯须，引入北堂拜姑。姑衣紫衣，年可六十许，言词高朗，威仪甚肃。卢子畏惧，莫敢仰视。令坐，悉访内外，备谙氏族，遂访儿婚姻未。卢子曰：『未。』姑曰：『吾有一外甥女，姓郑，早孤，遗吾妹鞠养，甚有容质，颇又令淑，当为儿妇，平章计必允。』卢子遂即拜谢，乃遣迎郑氏妹。有顷，一家并到，车马甚盛，遂检择历日，云后日大吉，因与卢子定谢。姑云：『聘财函信礼物，儿并莫忧，吾悉与处置。儿有在城有何亲故，并抄名姓，并其家第。』凡三十余家，并在台省及府县官。明日下函，其夕成结，事事华盛，殆非人间。明日设席，大会都城亲表，拜礼毕，遂入一院。院中屏帷床席，皆珍异。其妻年可十四五，容色美丽，宛若神仙，卢生心不胜喜，遂忘家属。俄又及秋试之时，姑曰：『礼部侍郎与姑有亲，必合极力，更勿忧也。』明春遂擢第。又应宏词，姑曰：『吏部侍郎与儿子弟当家连官，情分偏洽，令渠为儿必取高第。』及榜出，又登甲科，授秘书郎。姑云：『河南尹是姑堂外甥，令渠奏畿县尉。』数月，敕授王屋尉，迁监察，转殿中，拜吏部员外郎，判南曹。铨毕，除郎中，余如故。知制诰，数月即真迁礼部侍郎。两载知举，赏鉴平允，朝廷称之，改河南尹。旋属车驾还京，迁兵部侍郎。扈从到京，除京兆尹，改吏部侍郎。三年掌铨，甚有美誉，遂拜黄门侍郎平章事。恩渥绸缪，赏赐甚厚，作相五年，因直谏忤旨，改左仆射，罢知政事。数月，为东都留守河南尹兼御史大夫。自婚媾后，至是经三十年，有七男三女，婚宦俱毕，内外诸孙十人。后因出，却到昔年携樱桃青衣精舍，复见其中，其中有讲，遂下马礼谒。以故相之尊，处端揆居守之重，前后导从，颇极贵盛，高自简贵，辉映左右。升殿礼佛，忽然昏醉，良久不起。既而梦觉，乃见著白衫服饰如故，前后官吏一人亦无。彷徨迷惑，徐徐出门。乃见小竖捉驴执帽，在门外立，谓卢曰：『人饥驴饥，郎君何久不出？』卢访其时，奴曰：『日向午矣。』乘驴归，见僧舍墙内樱花数枝，花甚繁郁，尚未有结子者。卢子罔然叹曰：『人世荣华穷达，富贵贫贱，亦当然也。而今而后，不更求官达矣。』遂寻仙访道，绝迹人世焉。

⊛画梅枝

乐平念斋程内翰楷，初发棹北上赴会试，是夕，梦人有携扇面，画梅枝一。念斋题云：『谁把枯枝纸上栽，琼花错落带晴开。天公预报春消息，占断江南第一魁。』觉而喜，明年果中礼部第一，官编修，无嗣而卒。人谓『枯根之语，竟为先谶』云。

⊛五色笔花

江淹尝梦笔生花，文思日警。后宿一驿中，复梦一美丈夫，自称郭璞，曰：『吾有笔在公处，可还。』淹探怀中五色笔授之，自是作诗绝无佳句，故世传『江淹才尽』。

◉附 梦花

靖州土产，绥宁出。其茎如藤，其花黄白，其丛条甚细。俗云有梦失记者，綛之即寤。

第十六卷

花之事

檇李　仲遵　王路　纂修

凡经古人历涉议论点缀者，悉录焉。

卷十六索引

◉桃花类

⊛满山花

《谈圃》：石曼卿通判海州，以山岭高峻，人路不通，又无花卉点缀照映，遂以泥裹桃核，抛掷于山岭上，一二年间，满山花开，烂如锦绣。

⊛花悟道

志勤禅师在沩山，因桃花悟道，偈曰：『自从一见桃花后，三十年来更不疑。』

⊛芳美亭

钱伸仲于锡山所居作『芳美亭』，种桃数千百株。蔡载作诗曰：『高人不惜地，自种无边春。莫随流水去，恐汙世间尘。』

⊛满县花

潘岳为河阳令，满县栽桃李，号河阳满县花。

⊛花五里

茅山乾元观姜麻子，阎蓬头弟子也。里夜纫衲，从扬州乞烂桃核数石，空山月明中种之，不避豺虎。自茶庵至观中，有桃花五里余。

⊛绿耳梯

江南后主同气宜春王从谦，常春日与妃侍游宫中后圃，妃侍睹桃花烂开，意欲折而条高，小黄门取彩梯献。时从谦正乘骏马击球，乃引鞚至花底，痛采芳菲，顾谓嫔妾曰：『吾之绿耳梯，何如？』

⊛消恨

明皇晏桃下曰：『不特萱草忘忧，此花亦能消恨。』

⊛红霞

唐刘禹锡贬朗洲司马，居十年，召至京师。时玄都观有道士种桃满观，如红霞，遂有诗云：『玄都观里桃千树，尽是刘郎去后栽。』已而复左出牧十四年，得为主客郎中。复游是观，无复一存，因有：『种桃道士归何处，前度刘郎今又来』之句。

牡丹类

各花国色

唐开元禁中初种牡丹，得四本，植于兴庆池东，沉香亭前。会花方开，明王召太真赏玩，命李白为诗三章，其三曰：『名花国色两相欢，长得君王带笑看。解释春光无限恨，沉香亭北倚栏干。』

木芍药

《花谱》：唐人谓牡丹为木芍药。

殷红一窠

会昌中，有朝士数人寻芳至慈恩寺，遍诣僧室，时东廊院有白花可爱，相与倾酒而坐，因云牡丹未识红深者。院主老僧微笑曰：『安得无之，但诸贤未见耳。』朝士求之不已，僧曰：『众君子欲看此花，能不泄于人否？』朝士誓云：『终身不复言。』僧乃引至一院，有殷红牡丹一窠，婆娑几及千朵，浓姿半开，炫耀心目，朝士惊赏留恋，及暮而去。信宿，有权要子弟至院，引僧曲江闲步，将出门，令小仆寄安茶笈，裹以黄帕，于曲江岸藉草而坐。忽有弟子奔走而来，云：『有数十人入院掘花，禁之不止。』僧俛首无言，唯自吁叹。坐中但相盼而笑。既而却归，至寺门，见以大畚盛花，舁而去。徐谓僧曰：『窃知贵院旧有名花，宅中咸欲一看，不敢预告，恐难见舍。适所寄笼子中有金三十两，蜀茶二斤，以为酬赠。』

⊛琼岛飞来

宋淳熙间，如皋桑子河紫牡丹无种自生，有贵人欲移之，掘见石如剑，题曰：『此花琼岛飞来种，只许人间老眼看。』以是乡老诞日，值花时，必往晏为寿。惟李嵩以三月初八日初度，自八十看花，至百九岁终。

⊛紫金盏

唐玄宗内殿赏花，问程正己：『京师有传唱牡丹者，谁称首？』对曰：『李正封，诗云：「国色朝酣酒，天香夜染衣。」』时贵妃方宠，因谓妃曰：『妆镜台前饮一紫金盏，则正封之诗可见矣。』

❀参军数

诸葛颖精于数，晋王广引为参军，甚见亲重。一日共坐，王曰：『吾卧内牡丹盛开，君试为一算。』颖时越策度一二子，曰：『牡丹开七十九朵。』王入掩户去，左右数之，政合其数。但有二蕊将开，故倚阑看传记伺之，不数十行，二蕊大发，乃出，谓颖曰：『君算得无左乎？』颖再挑一二子，曰：『吾过矣，乃九九八十一朵也。』王告以实，尽欢而退。

◉杏花类

❀碎锦坊

《曹林异锦》：裴晋公午桥庄有杏，谓文杏，百株，名其处曰『碎锦坊』。

❀杏花村

《诗话》：徐州古丰县朱陈村有杏花百二十里。坡诗云：『我是朱陈旧使君，劝农曾入杏花村。如今风物那堪话，县吏催钱夜打门。』

⊛杏坛

《庄子·渔父篇》：孔子游乎缁纵之林，坐乎杏坛之上，弟子读书，孔子弦歌鼓琴云。

⊛探春晏

《摭言》：神龙以来，唐进士初会杏花园，谓之探春晏。以少俊二人为探花使，遍游名园，若他人先折得花，则二人皆有罚。

⊛春光好

明王游别殿，柳杏将吐，叹曰：『对此景物，不可不与判断。』命高力士取一作助羯鼓，临轩纵击奏一曲，名《春光好》。回头一作四顾柳杏皆发，笑曰：『此一事不唤我作天公，可乎？』

梅花类

扬州廨

梁何逊为扬州法曹，廨宇有梅花一枝盛开，逊吟咏其下。后居洛，思梅花，再请其任，从之。抵扬州，花方盛，何逊对花彷徨者终日。

逢驿使

南北朝范晔与陆凯相善，凯在江南寄梅花一枝，诣长安与晔，并赠诗曰：『折梅逢驿使，寄与陇头人。江南无所有，聊赠一枝春。』

榔树梅

太和山有榔梅，相传真武折梅寄榔树上，誓曰：『吾道成，花开果结。』后竟如其言。

罗幙

伪吴从嘉尝于宫中以销金罗幙，种梅花于外，花间立亭，可容三座，与爱姬花氏对酌其中。

绿英

李白游慈恩寺，僧献绿英梅。

梨花类

洗妆

洛阳梨花，时人多携酒树下，曰为梨花洗妆，或至买树。

香来玉树

候穆有诗名，因寒食郊行，见数少年共饮于梨花下，穆长揖就坐，众皆哂之。或曰：『能诗者饮。』乃以『梨花』为题。穆吟云：『共饮梨花下，梨花插满头。清香来玉树，白蚁泛金瓯。妆靓青娥妒，光凝粉蝶羞。年年寒食夜，吟绕不胜愁。』众客阁笔。

压帽

梁绪梨花时，折花簪之，压损帽檐，至头不能举。

◉海棠类

⊛五恨

《冷斋夜话》：楚渊材曰：『吾平生无所恨，但所恨者五事耳：一恨鲥鱼多骨，二恨金橘多酸，三恨莼菜其性多冷，四恨海棠无香，五恨曾子固能作文，不能作诗。

⊛睡未足

《杨妃传》：明王尝召太真，太真被酒新起，帝曰：『此乃海棠花睡未足耳。』

⊛饮海桥

《冷斋夜话》：少游在黄州，饮于海桥，桥南北多海棠，有香者。

⊛花首题

真宗御制《后苑杂花》十题，以海棠为首，近臣唱和。

⊛金屋贮

石崇见海棠，叹曰：『汝若能香，当以金屋贮汝。』

载酒饮

韩持国虽刚果特立，风节凛然，而情致风流，绝出时辈。许昌崔象之侍郎旧第，今为杜君章所有，厅后小亭仅丈余，有海棠两株。持国每花开，辄载酒日饮其下，竟谢而去，岁以为常，至今故吏尚能言之。

泛湖赏

范石湖每岁移家泛湖赏海棠。

剪去子

《琐碎录》：海棠候花谢结子剪去，来年花盛而无叶。

登木饮

徐俭乐道，隐于药肆中。家植海棠，结巢其上，引客登木而饮。

如杜梨

《花木录》载：南海棠，木性，无异，惟枝多屈曲，数数有刺，如杜梨花，亦繁盛，开稍早。

莲花类

⊛白莲社

僧惠远居庐山，与刘遗民结白莲社，以书招陶渊明，渊明曰：『若许饮即往。』

⊛双莲

宋文帝元嘉间，乐游苑、天泉池，池莲同干。泰始中，嘉莲一双并实，合附同茎，生豫州鲤湖。

⊛东林植

谢灵运即东林寺，翻《涅槃经》。且凿池，植白莲其中。

⊛破铁舟

韩愈登华山莲花峰，归谓僧曰：『峰顶有池，菡萏盛开可爱，其中又有破铁舟焉。』

⊛万荷蔽水

神庙时，中贵采用臣凿后苑瑶津池成，明日请上赏莲花，忽见万荷蔽水，乃一夜买满京盆池沉其下，上嘉其能。

⊛瓦盎分

宋孝宗于池中种红、白荷花万柄，以瓦盎别种分列水底。时易新者，以为美观。

◉桂花类

⊛五枝芳

燕山窦谏议五子俱登第，冯道赠诗曰：『燕山窦侍郎，教子有义方。灵椿一株老，丹桂五枝芳。』

【附】

⊛春桂

王绩《问答》，问春桂曰：『桃李正芳华，年光随处满，何事独无花？』春桂答曰：『春华讵能久，风霜摇落时，独秀君知否？』

⊛桂柱

汉武帝昆明池中，有凌波殿七间，皆以桂为柱，风来自香。

◉菊花类

⊛花洞户

孟元老《东京梦华录》：重九都下赏菊，菊有数种。有黄白色，蕊若莲房，曰『万铃菊』。粉红色曰『桃花菊』，白而檀心曰『木香菊』，黄色而圆曰『金铃菊』，纯白而大曰『喜容菊』，无处无之，酒家皆以菊花缚成洞户。

⊛消祸

《续齐谐记》：汝南桓景随费长房游学数年，长房忽谓之曰：『九月九日，汝家有灾厄，可速去，令家人各作绛囊，盛茱萸系臂，登高饮菊花酒，祸乃可消。』景如其言，举家登山，夕还，见牛羊鸡犬皆暴死焉。

丽草

晋傅统妻《菊花颂》：『英英丽草，禀气灵和。春茂翠叶，秋曜金华。布濩高原，蔓衍陵阿。扬芳吐馥，载芬载葩。爰拾爰采，投之醇酒。御于王公，以介眉寿。』

菊道人

亳社吉祥僧刹，有僧诵华严大典，忽一紫兔自至，驯伏不去，随僧坐起，听经坐禅。惟餐菊花，饮清泉，僧呼『菊道人』。

土贡

《九域志》：邓州南阳郡土贡白菊三十斤。

插满头

唐《辇下岁时记》：九日宫掖间争插菊花，民俗尤甚。杜牧诗云：『尘世难逢开口笑，菊花须插满头归。』又云：『九日黄花插满头』。

◎献寿

《唐书》：李适为学士，凡天子飨会游豫，唯宰相及学士得从。秋登慈恩浮图，献菊花酒称寿。

◎候时草

《风土记》：『日精』、『治蔷』，皆菊之花茎别名也。生依水边，其花煌煌。霜降之时，唯此草盛茂。九月律中无射，俗尚九日而用候时之草也。

◉兰花类

◎秉兰

郑国之俗，上巳于溱洧之上，招魂续魄，秉兰草，祓除不祥。

◎握兰

汉尚书郎每进朝时，怀香握兰，口含鸡舌香。

茉莉类

暗麝着人

东坡谪儋耳，见黎女竞簪茉莉，含槟榔，戏书几间曰：『暗麝着人簪茉莉，红潮登颊醉槟榔。』

木槿类

舞山香

汝阳王琎尝戴砑绡帽打曲，上自摘红槿花一朵，置于帽上笪『笪』字当做『檐』处，二物皆极滑，久之方安，遂奏《舞山香》一曲，而花不坠。上大喜，赐金器一厨。

鸡冠类

洗手花

宋时汴中谓鸡冠花为洗手花，中元节前，儿童唱卖，以供祖先。

胭脂染

解缙尝侍上侧，上命赋鸡冠花诗，缙曰：『鸡冠本是胭脂染』。上忽从袖中出白鸡冠，云是白者，缙应声曰：『今日如何浅淡妆？只为五更贪报晓，至今戴却满头霜。』

榴花类

房多子

《北史》：齐安德王延宗纳赵郡李祖收女为妃，母特为荐二石榴于帝，莫知其意，轻之。帝问魏牧，牧答以『石榴房多子，王新婚妃，妃母欲子孙众多。』帝大喜。

⊛一点红

《直方诗话》：王荆公作内相，翰苑有石榴一丛，枝叶甚茂，只发一花。时王荆公有诗云：『万绿丛中红一点，动人春色不须多。』

◉合欢类

⊛蠲忿

《本草》：晋嵇康种之舍前，尝曰合欢花。此花欲蠲人之忿，赠以青棠，合欢也。

◉菖蒲类

⊛九花

苏子由盆中菖蒲，忽生九花

金钱类

双陆赌

《杂俎》：梁豫州掾属以双陆赌金钱，钱尽，以金钱花补足，鱼洪谓：『得花胜得钱。』

第十七卷

花之人

檇李　仲遵　王路　纂修

种花、接花、护花、赏花，有其花，不可无其人。

卷十七索引

花师

洛人宋单父，字仲孺，善吟诗，亦能种艺术。凡牡丹变易十种，红白斗色，人亦不能知其术。上皇召至骊山，植花万本，色样各不同，赐金千余两。内人皆呼为『花师』，亦幻世之绝艺也。

花媒

李冠卿家有杏花一窠，花多不实。适一媒姥见之，笑曰：『来春与嫁此杏。』冬深，忽携一樽酒来，云『婚家撞门酒』，索处子裙系树上，奠酒辞祝再三而去。明年结子无数。

花医

苏真善治花，瘠者腴之，病者安之，时人竞称之为『花太医』。

花妾

唐李邺侯公子有二妾：绿丝、碎桃，善种花，花经两人手，无不活。

花姑

魏夫人弟子善种花，号『花姑』。诗『春圃祀花姑』。按，花姑姓黄，名令徵

花翁

孙惟信，字季蕃，仕宋，光宗时弃官，隐西湖。工诗文，好艺花卉，自号花翁。家徒壁立，弹琴读书，安如也。

花主

太祖一日幸后苑，赏牡丹，召宫嫔，将置酒，得幸者以疾辞，再召，复不至。上乃亲折一枝，过其舍而簪于髻上。上还，辄取花而还。上顾之曰：『我辛勤得天下，乃欲以一妇人败之耶？』即引佩刀，截其腕而去。

二花

阮文姬插鬓用杏花，陶溥公呼曰『二花』。

宗测

宗测春游山谷间，见奇花异草则系于带上，归而图其形状，名聚芳图百花带，人多效之。

陈英

陈英隐居江南，种梅千株。每至花时，落英缤纷，恍如积雪。

林逋

林逋，字君复，隐居孤山，征辟不就。构巢居阁，绕植梅花，吟咏自适，徜徉湖山，或连宵不返。

陶潜

晋陶潜为彭泽令，宅边有丛菊，重九日出，坐径边，采菊盈把。有江州太守王弘，令白衣吏送酒至，遂饮，醉而归。按，渊明爱菊，每对花命酒，吟咏移日

司花女

炀帝驾至洛阳，进合蒂迎辇花，命御车女袁宝儿持之，号曰『司花女』。命虞世南作诗，嘲之曰：『学画鸦黄半未成。』

解语花

《解语花》：刘氏，尤长于慢词，廉野云招卢疏斋、赵松雪饮于京城外之万柳堂，刘左手持荷花，右手举杯，歌《骤雨打新荷》曲，诸公喜甚，赵为赋诗，有『手把荷花来劝酒，步随芳草去寻诗』之句。

王子猷

王子猷学道于终南山，尝出游山谷，披鹤氅服，乘白羊车，采野花插之于首，人欲追之，则不见。

⊛张茂卿

张茂卿好事，其家西园有一楼，四围植奇花异卉，殆遍尝接牡丹于椿树之杪，花盛开时，延宾客推楼玩焉。

⊛陈从龙

陈从龙，字登云，嘉鱼人。夕嗜学，每夜读书至曙，能诗。环居栽梅，倚树而歌。

⊛陆龟蒙

张抟为苏州刺史，植木兰花于堂前，尝花盛时燕客，命即席赋之。陆龟蒙后至，张连酌浮之，径醉，强索笔题两句『洞庭波浪渺无津，日日征帆送远人』，颓然醉倒。客欲续之，皆莫详其意。既而龟蒙稍醒，续曰：『几度木兰船上望，不知元是此花身』，遂为绝唱。

第十八卷

花之证

槜李　仲遵　王路　纂修

《花辨》以剖晰几微，至考证，则按其实，又寻其源矣，与《辨》小异。

卷十八索引

⊛ 兰花

《说文》曰：『兰，香草也。』《离骚》曰：『纫秋兰以为佩。』又曰：『秋兰兮蘼芜。』《楚词》曰：『疏石兰兮以为芳。』王逸曰：『石兰，香草；疏，布也。』《易》曰：『同心之言，其臭如兰芳也。』《礼记》曰：『妇人或赐之茝兰，则受献诸舅姑。』《家语》曰：『芝兰生于深林，不以无人而不芳；君子修道立德，不为困穷而改节。』《文子》曰：『日月欲明，浮云盖之；从兰欲发，秋风败之。』《孙卿子》曰：『民之好我，芬若椒兰也。』

【又】

《草木疏》云：兰为王者香草，其茎叶皆似泽兰，广而长节，节中赤，高四五尺，藏之书中辟鱼，故古有兰省、芸阁，芸亦辟蠹。《淮南子》曰：『男子树兰，美而不芳。』说者以为兰，女类也，故男子树之不芳。夫草本木之性，兰宜女子。

⊛ 蕙花

蕙大抵似兰花，花亦春开，兰先而蕙继之，皆柔荑，其端作花，兰一荑一花，蕙一荑五六花，香次于兰。大抵山林中，一兰而十蕙，故黄太史曰：『光风转蕙汜崇兰。』《离骚》：『兰九畹，蕙百亩。』以是知楚人贱蕙而贵兰矣。按，《离骚》：『滋兰九畹，植蕙百亩，畦留夷与揭车，杂杜衡与芳芷。』王逸《章句》曰：『十二亩曰畹，或曰田之长为畹。』二百四十步为亩，五十亩为畦，然则兰得一百八亩，蕙百亩，留夷、揭车合百亩，则多少亦不相远矣。若以《说文》言之，田三十亩曰畹，则得二百七十亩，多于蕙两倍。留夷、揭车各五十亩，多于两草一倍，亦多少之差。然言兰每及蕙，畹兰而亩蕙也，汜兰而转蕙也，蕙殽蒸兰藉也，蕙虽不及兰，胜于余芳远矣。《楚辞》又有『茵阁蕙楼』，盖芝草干杪敷华有阁之象，而蕙华亦以干杪重重累积，有楼之象云。

⊛菊花

《尔雅》云：『菊，治蘠也。』《名山记》曰：『道士朱儒子服菊草，乘云升天。』《抱朴子》曰：『「日精」、「更生」、「周盈」，皆一菊也，而根茎花实异名。或无效者，故由不得真菊。』又曰：『菊花与薏花相似，直以甘苦别之耳。菊甘而薏苦，所谓「苦如薏」者也。』《本草经》曰：『菊有筋菊，有白菊、黄菊。菊花一名节花，一名传公，一名延年，一名白花，一名日精，一名更生，又云阴威，一名朱嬴，一名花女。其菊有两种者，一种紫茎，气香而味甘美，叶可作羹，为真菊；一种青茎而大，作蒿艾气味，苦不堪食，名薏，非真菊也。』

【又】

《本草图经》：有衡州菊花，邓州菊花。

【又】

《博闻新录》云：菊花多真假相半，难以分别。其真菊，花蒂子黑而纤，若野菊，则蒂子有白茸而大，极苦。

【又】

按，《本草》与《千金方》皆言菊花有子。今观魏钟会《菊花赋》，其中有『芳实离离』之言，必可取信。续又见近时马伯州《菊谱》有『该金箭头菊，其花长而末锐，枝叶可茹，最愈头风，世谓之风药菊。无苗，冬收拾而春种之。』据此二说，则知菊之为花，果有结子者，明矣。

【又】

刘蒙《谱菊》有『顺圣浅紫』之名，按，皇朝嘉佑中有油紫，英宗庙有黑紫，神宗庙色加鲜赤，目为顺圣紫，盖色得其正矣。

【又】

杜甫《秋雨叹》曰：『雨中百草秋烂死，阶下决明颜色鲜。着叶满枝翠羽盖，开花无数黄金钱。』说者以为即《本草》决明子，此物乃七月作花，形如白匾豆，叶极稀疏，焉有翠羽盖与黄金钱也？彼盖不知甘菊，一名石决，为其明目去翳，与石决明同功，故吴越间呼为『石决』，子美所叹，正此花尔。而杜、赵二公妄引《本草》，以为决明子，疏矣哉。

【又】

《岭南异物志》云：南方多温，腊月桃李花尽折，他物皆先时而荣，惟菊花十一月开。盖此物须寒乃发，寒晚，故发亦迟。

【又】

菊之开也，四季泛而有之。开于三月者，曰春菊，前贤有诗云：『不许秋风常管束，竞随春卉斗芳菲。』又云：『似嫌九月清霜重，亦对三春丽日开。』春菊，花小而微红者。有开于四月者，张孝祥尝有诗。开于五月者，陈子高尝有诗。开于六月者，符离王常有词，见《芳菲集》。惟开于秋季者，其品至多。开于十月者，欧阳公及王龟龄皆有诗，朱希真又有词。以诸公诗词观之，果见其所谓春菊、夏菊、秋菊、寒菊者也。虽然，此当以开于秋冬者为贵，开于夏者为次，开于春者，未必是真菊也。若论其色，亦有差等。菊当以黄为尊，以白为正，以红紫为卑。杨绘诗『烂紫妖红色尽卑』，渔隐云：『菊春夏开者，终非其正，有异色者，亦非其正。』

【又】

按，陶隐居与陈藏器皆言白菊疗疾有功，《本草图经》言，今服饵家，多用白者。又有白菊酒法。《抱朴子》有言，丹法用白菊汁。《九域志》言，邓州以白菊入贡。是皆以白菊为用也。惟沈存中《忘怀录》有种甘菊法。今所谓茶菊，即甘菊也。然甘菊作饮食与入药，多是黄色，不曾见白者可食，岂予未之见耶？

⊛夏菊

越俗言夏菊初生谓苗之时，例自陈根而出，至秋遍地沿多者，由花稍头露滴入土，却生新根而出，故名滴滴金。曾与好事者斸地验其根，果无联属。

⊛诸菊

愚斋云，诸菊得名，或以色，或以香，或以形状，其义非一，皆明而可知。惟『九华』一古名，初莫知其义。今按，晋宋以前，渊明而上，汉有九华殿，魏有九华台，二者于菊，皆不闻有事迹相关。惟《真诰》载，吴有赵广信，至魏末买药，炼九华丹，丹成，遂乘云驾龙登天。又，汉《天师家传》云，真人入鹿堂山，炼九鼎神丹，迁平盖山炼九华大药，注曰服此成仙。愚意其菊之为名，必比拟于此。何则？盖白菊久服则轻身延寿，亦至成仙故也。士友云，恐此菊出于九华山，故有是名。愚窃谓不然，且池州九华之名，始于李白，于晋时绝无干涉

⊛菊之字

按诸字书，菊之字有五，其体虽异，而用则同。蘜蘜见《说文》、蘜见《尔雅》，亦见《说文》、鞠见《二礼》、菊见《篇韵》。今人多从简用之。

⊛枇杷花

相传枇杷秋而萌，冬而花，春而子，及夏而熟。得四时之气，他物无与类者。读《颜氏家训》《易统卦验》，皆曰苦菜生于秋，更冬历春，至夏乃成，则又未尝无类也。

⊛萱花

《说文》曰：『萱，忘忧草也。』束皙《发蒙说》曰：『甘枣令人不惑，萱草可以忘忧。』《毛诗》曰：『安得萱草，言树之背背，北堂也。』

⊛李花

许慎《说文》曰：『李，果也，从木子声。「杍」，古文李。』《尔雅》曰：『休，无实李郭璞注曰：一名赵李。座，接虑李今之麦熟李。驳，赤李。桃、李丑，核。枣李曰疐之孙炎曰：

李桃类皆核，疐之，去柢也，疐音帝。《西京杂记》曰：『汉武初，修上林苑，群臣远方各献名果树，有朱李、黄李、紫李、绿李、青李、绮李、青房李、车下李、颜回李、合枝李、羌李、燕李、猴李。』《汉武内传》曰：『李少君谓武帝，溟海枣大如瓜，钟山之李大如瓶，臣以食之，遂生奇光。』陆翙《邺中记》曰：『华林园有春李，冬华春熟。』《盐铁论》曰：『桃李实多者，来岁为之穰。』《本草》曰：『李根治疮，服其花，令人好颜色。凡李，熟食之皆好。除固热，调中，食之。不可合雀肉食之，又不可临水上啖之，李皮水煎，含之，可治齿痛。』

【又】

有青宵李、御黄李，李之上品也。若紫粉、小青，皆下品也。有麦李，红甚，麦熟而实，可食矣，俱花小而蕃。《素问》曰：『李性颇难老，老虽枝枯，子亦不细。其品处桃上，故果属有六，桃最为下。』孔子饭黍，不以雪桃。而《诗》曰：『投我以桃，报之以李。』又曰：『丘中有麻，彼留子嗟。丘中有麦，彼留子国。丘中有李，彼留之子。』言麻以衣之，麦以食之，又有李焉。且皆丘中植之，则留子之政修矣，此人之所以思之。吕子曰：『子产相郑，桃李之垂于街者，莫之援也。』然则丘中有李，又能使人不盗也。《化书》曰：『李接桃而本强者，其实毛；梅接杏而本强者，其实甘。』此明造化之权，有以知巧而移矣。

⊛桃花

《埤雅》云：『桃有华之盛者，其性早华，又华于仲春，故周南以兴女之年时俱富。』谚曰：『白头种桃。』又曰：『桃三李四，梅子十二。』言桃生三岁，便放华果，早于梅李，故首虽已白，其华子之利可待也。然皮束茎干颇急，四年以上，宜以刀劚其皮，不然，皮急则死。故周南复取少桃以兴，所谓『桃之夭夭』是也。《汉武帝故事》云：『海上有蟠桃，三千霜乃熟，一千年开花，一千年结子，东方朔尝三盗此桃矣。』

【又】

《尔雅》曰：『桃，李丑，核。桃曰胆之胆，择取其美者。《西京杂记》曰：『汉初修上林苑，群臣远方各献名果，有緗核桃、紫文桃、霜桃霜下可食、金城桃。《邺中记》曰：『石虎苑中有勾鼻桃，重二斤半。』郭氏《玄中记》曰：『木子之者，有积石之桃焉，大如十斛笼。《本草》云：『枭桃，在树不落，杀百鬼。玉桃，服之长生不死。』《典术》曰：『又桃者，五木之精也，故厌伏邪气，制百鬼，故今人作桃符着门以厌邪，此仙木也。』

⊛梅花

《诗义疏》曰：『梅，杏类也，树及叶皆如杏而黑耳。』《西京杂记》曰：『汉初修上林苑，群臣各献名果，有侯梅、朱梅、紫花梅、同心梅、紫蒂梅、丽支梅。』《异物志》曰：『杨梅似弹丸，五月熟。』《广州记》曰：『庐山顶上有湖，广数顷，有杨梅、山桃，止得于上饱啖，不得将去。』《广志》曰：『蜀名梅为　，大如雁子，梅　皆可以为油，黄梅以熟　作之。』

【又】

《埤雅》云：『其实酢，子赤者材坚，子白者材脆，华在果子，华中尤香。俗云梅花优于香，桃花优于色，天下之美，有不得兼者。若荔枝无好花，牡丹无美实，亦其类也。《记》曰：夔其穷与，梅先桃李而花，女失婚姻之时，则感已之不如，亦梅花虽先桃李，然其著实，乃更在后，则婚姻之年，或未慊也。江湘二浙四五月之间，梅欲黄落，则水润土溽，础壁皆汗，蒸郁成雨，其霏如雾，谓之梅雨，沾衣服皆败黦，故自江以南，三月雨谓之迎梅，五月雨谓之送梅。转淮而北，则杏亦梅。至北方，多变而成杏。《传》曰：五月有落梅风，淮以为信风，亦华信风之类。贾思勰曰：按，梅花早而白，杏花晚而白，梅实小而酸，杏实大而甜，梅可以调鼎，杏则不任此用。世人或以梅杏为一物矣。』

❁槐花

《春秋·说》曰：『槐者，虚星之精。』槐性畅茂，上棘。周官外朝之法，左九棘，孤卿大夫位焉；右九棘，公侯伯子男位焉；面三槐，三公位焉。盖槐取黄中外怀，又其华黄，其成实玄故也。棘取赤中外刺，又其花白，其成实赤故也。盖圣人取义简博，植一物而众善举。

❁杨花

《尔雅》曰：『杨，蒲柳。』所谓董泽之蒲是也，今有黄、白、青、赤四种。白杨叶圆，青杨叶长。赤杨霜降则叶赤，材理亦赤。黄杨木性坚致难长，岁长一寸，闰年倒长一寸，世重黄杨，以其无火，以水试之，沉则无火。取此木必于阴晦夜，无一星，伐之为枕，不裂。杨之乎甲，早于众木。婚姻失时，则会木之不如也。故《诗》曰：『东门之杨，其叶牂牂。』牂牂，盛也。『其叶肺肺』，肺肺，衰也，以言嫁娶之暮如此。

⊛橘花

橘如柚而小，白花，赤实。《考工记》谓『橘，踰淮而北为枳，此地气然也。』《书》：『厥包橘柚锡贡。』言锡明，不常贡也。旧说橘宜见尸则多子，故《类从》以为『橘睹尸而实繁，榴得骸而叶茂。』橙亦橘属，若柚而香，《物类相感志》曰：『叶有两刺，缺者是也。』

⊛唐棣

唐棣，一名栘，其华反而后合，凡木之华，皆先合而后开，惟此花先开而后合。陆机疏云：『唐棣，郁李也，一名雀梅，亦曰车下李。其华亦赤或白，六月中熟，大如李，子可食。』《华品序》云：『洛阳亦有芍药、绯桃、碧桃、千叶李、红郁李之类，皆不减他出者。而洛阳人不甚惜，谓之果子花。』

【又】

《竹林》曰：『邲之战，偏然反，何也？曰《春秋》无通辞，从变而移，今晋变而为夷狄，楚变而为君子，故移在其辞，以从其事。』

⊗常棣

如李而小，子如樱桃，正白，花萼上承下覆，甚相亲尔。《采薇》所谓『彼尔维何，维常之华』是也。唐棣之花，反而后合，诗以譬权，则此华上承下覆，甚相亲尔者，常而已矣，故曰常棣也。移从移，棣从隶，言华萼相承，辉荣相隶也。隶仁也，移义也，兄弟尚亲亲，亲亲，仁也，故常棣以燕兄弟，《诗》曰『常棣之花，萼不韡韡。凡今之人，莫如兄弟。』《传》曰：『闻常棣之言为今也。』闻常棣之言为今，则管、蔡之所以失道者，以不闻乎此而已，故《序》曰『闵管、蔡之失道，故作《常棣》焉。』蔡子曰：『作人当如常棣，灼然光发。』

柳花

《埤雅》云：『柳柔脆，易生之水，与杨同类。虽纵横颠倒，植之皆生。松、柏丑茂，桑、柳丑菀。』《诗》曰『菀彼桑柔』，又曰『菀彼柳斯』是也。盖凡物发而成畅茂，积而成菀结，故桑柳丑条，而其诗谓之菀也。《菀柳》曰：『有菀者柳，不尚息焉。』言柳之菀，非若松柏之茂，未几而衰矣，然人尚庶几息焉，以言幽王之不可朝事，曾菀柳之不如也。《中朝故事》云：『天街两畔多槐木，俗号为槐衙，曲江池畔多柳，亦号为柳衙，意谓其成行列如排衙也。』今言宫腰细瘦，谓之柳腰。《大戴礼》曰：『正月柳稊，稊者，发孚也。』

【又】

《神农本草经》云：『柳花，一名柳絮，入水经宿化为萍。』

樱桃

樱桃为木，多荫。其果先熟，一名荆桃，一名含桃。许慎曰：『莺之所含食，故曰含桃也。』《月令》：『仲夏之月，天子羞以含桃。』言荐新也。其颗大者或如弹丸，小者如珠玑。南人语其小者，谓之樱珠。《说》云：『樱主实，么穉柔泽如婴者；栲主材，成就坚久如考者。』

梧花

梧，一名榇，即梧桐也。今人以其皮青，曰青桐。华净妍雅，极为可爱，故多近斋阁种之。梧，橐鄂皆五焉，其子似乳，缀其橐鄂，生或五六，少或二三，故飞鸟喜巢其中。庄子所谓『空阁来风，梧乳致巢』是也。今亦谓之『梧子』。《诗》曰：『凤凰鸣矣，于彼高冈。梧桐生矣，于彼朝阳。』盖梧桐以譬才之柔令，朝阳以譬德之温厚。庄子曰：『师旷之枝策也，惠子之据梧也。』此言精太用则竭，神太用则弊，故二子疲或枝策而立，昏或据梧而瞑也。

桐花

此即白桐，华而不实。贾思勰曰：『白桐无子，冬结似子者，乃是明年之华房耳。』《尔雅》曰『荣，桐木。』即此是也。桐木华而不实，故曰『荣，桐木也。』今亦谓之华桐，华则以其华而不实。贾云：『桐叶花而不实者，曰白梧；实而皮青者，曰梧桐。』今炒其实噉之，味似菱芡。桐有三辈，青、白之外，复有冈桐，即油桐也，生于高冈。盖桐性便温，不生于冈，故此桐有冈之号。《毛诗传》曰：『梧桐不生山冈，太平而后生朝阳。』陶氏云：『桐有四种，青桐叶皮青，似梧而无子。梧桐色白，叶似青桐而有子，白桐与冈桐无异，惟有华子尔。冈桐无子，是作琴瑟者。』皆不足据。按，青桐即今梧桐，白桐又与冈桐全异。白桐无子，才中琴瑟。冈桐子大有油，与陶说正反。《诗》曰：『湛湛露斯，在彼杞棘。恺悌君子，莫不令德。其桐其椅，其实离离。恺悌君子，莫不令仪。』杞、棘刚木，故诗以况令德；椅、桐柔木，故诗以况令仪。蔡邕《月令》曰：『桐始华，桐，木名，木之后华者也。穉之，故曰始。』《易纬》曰：『桐枝濡毳而又空中，难成易伤，须成气而后华。』《淮南子》曰『桐木成云。』言其升气，可以造云云。《遁甲》曰：『梧桐不生，则九州异君。』名之曰『桐』，似本于此。桐，柔木也，而虚其心，若能『同』者。父丧杖竹，母丧杖桐，竹有节，父道也，桐能同，母道也，母从子者也。旧说梧桐以知日月，无闰，生十二叶，一边有六叶，从下数一叶为一月；有闰，则生十三叶，视叶小者，则知闰何月。不生，则九州异君。

荇花

《尔雅》曰：『莕，接余，其叶，苻。』盖荇，一名接余，亦谓之凫葵，丛生水中，茎如钗股，叶在茎端，随水浅深。《诗》曰：『参差荇菜，左右流之。』三相参为『参』，两相差为『差』，言出之无类。『左右』言其求之无方。王文公曰：『荽余，《诗》虽以比淑女，然后妃所求，皆同德者，则荽余惟后妃可比焉。其德行如此，可以比妾余草矣。若苹、蘩、藻，所谓余草。』旧说藻华白，荇花黄，《颜氏家训》云『今荇菜，是水有之，黄花似莼』是也。夫后妃祭荇，夫人祭蘩，大夫妻祭苹、藻，则至于『盛之』、『湘之』、『奠之』，无所不为焉，亦其位弥高者，其事弥略之证也。又后妃言『河』，夫人、大夫妻言『涧』，后妃言『洲』，夫人言『沼』，大夫妻言『苹』，言『潦』，亦言『杀』也。且苹、蘩、薀、藻，溪、涧、沼、沚之毛也，而荇则异矣，故后妃采荇。《诗传》以为『夫人执蘩菜以助祭，神飨德与信，不求备焉。沼、沚、溪、涧之草，犹可以荐。后妃，则荇菜也。』据此，荇菜厚于苹、蘩，故曰『后妃有《关雎》之德，乃能共荇菜，备庶物，以事宗庙。』荇之言行也，苹言宾，藻言澡，蘩言盛，然则言荇菜言『采』言『芼』，是亦共之而已。故教成之祭，芼用苹、藻，以成妇顺。

⊛藻花

藻，水草之有文者，出乎水下，而不能出水之上。其字从澡，言自洁如澡也。《书》曰：『藻、火、粉米。』藻取其清，火取其明也。『山节藻棁』，盖非特为取其文，亦以禳火，今屋上覆橑，谓之藻井，取象于此，亦曰绮井，又谓之覆海，亦或谓之罳顶。《风俗通》曰：『殿堂宫室，象东井形，刻作荷菱。荷菱，水草也，所以厌火。』与此同类。《诗》：『鱼在在藻，有颁其首。王在在镐，岂乐饮酒。鱼在在藻，有莘其尾。王在在镐，饮酒乐岂。』盖鱼性食藻，王者，德至渊泉，则藻茂而鱼肥，故以『颁首』、『莘尾』为得其性。《诰传》曰：『士卒凫藻，言其和睦欢悦，如凫之戏于水藻也。』

⊛茏红

茏，红草也。《尔雅》曰：『红，茏古，其大者蘬。』一名马蓼，茎大而赤，生水泽中，高丈余。《诗》曰：『山有扶苏，隰有荷花。』『山有乔松，隰有游龙。』盖山性宜木，隰性宜草，而扶苏、荷华、乔松、游龙，皆山隰之所养，以自美者也。《传》曰：『扶苏，扶胥，木也。荷华，扶渠也，其花菡萏。』是诗先言木，扶胥于上；草，扶渠于下。后言木，乔耸于上；草，游纵于下。则山隰之所养，以自美者至矣。今忽不见子都，乃见狂且；不见子充，乃见狡童，则曾是之不如也。

⊛荼花

荼，苦菜也。苦菜生于寒秋，经冬历春，至夏乃秀。《月令》：『孟夏，苦菜秀。』即此是也。此草凌冬不凋，故一名『游冬』。凡此，则以四时制名也。《颜氏家训》曰：『荼叶似苦苣而细，断之有白汁，花黄似菊。』《诗》曰：『出其东门，有女如云。』『出其闉阇，有女如荼。』『云』盖言盛，『荼』盖言繁也。《传》曰：『秦网密于秋荼。』《诗》曰：『堇荼如饴。』堇毒荼苦，故言『如饴』，以著风土之善。《国语》曰：『寘鸩于酒，寘堇于肉。』《诗》曰：『谁谓荼苦，其甘如荠。』盖言其事又苦也。《礼》曰：『婚姻之礼废，则夫妇之道苦，而淫僻之罪多矣。』其此之谓与。

⊛荷花

荷，总名也，华、叶等名，具众义，故以不知为问，谓之『荷』也。昔人正名百物，有是哉。《说文》：『未发为菡萏，已发为芙蓉。』芙蓉，花之号也，盖亦通曰『芙蕖』。《毛诗传》曰：『荷，芙蕖也，其华菡萏。』许慎以为其华曰『芙蓉』，其秀曰『菡萏』，其实曰『莲』，莲之茂者曰『华』。今其的中有青，为薏，皆倒生两牙，一成芰荷，一藕荷也。又生一牙为华。藕荷帖水生藕者也。芰荷无藕，卷荷也，与华偶生，出乎水上，亭亭如伞者，是亦谓之『距荷』。盖荷善倾欹，蒲无骨干而柔从。《字说》曰：『藕藏于水，其自处卑，无所加焉。其所与污，洁白自若，中有空焉，不偶不生，若此可以偶物矣。茄无附枝，泥不能污，水不能没，挺出而立，若此可以加物矣。莲既有以自白，又会而属焉，若此可以连物矣。萏菡实若臽，随昏昕阖闢焉。蕸假根以立，而不如藕之有所偶；假茎以出，而不如茄之有所加；假华以生，而不如莲之有所连。菡萏之有菡也，若此可谓遐矣。夫函物者终必吐，连物者终于散，偶物者或析之，加物亦不可谓常，故遐在此，不在彼也。蔤退藏于无用，而可用可见者本焉，若此可以密矣。合此众美，则可以荷物，可以为芙，可以为渠，故曰：「荷，芙蕖也。」荷以何物为义，故通于负荷之字。』

⊛莲

《史·龟策传》：『龟千岁，游于莲叶之上。』

芙蕖

《尔雅》曰：『荷，芙蕖江东呼荷花为芙蕖。其茎茄，其叶荷，其本蔤密，其华菡萏，其实莲，其根藕，其中的，的中薏。』《华山记》曰：『华山顶上有池，生千叶莲花，服之者羽化。』《太清诸草木方》曰：『七月七日采莲花七分，八月八日采莲根八分，九月九日采莲实九分，阴干，下筛，每能服方寸匕，令人不老。』

菡萏

《尔雅》曰：『其华菡萏，其实莲。』盖荂曰『芙蓉』，秀曰『菡萏』，畅茂曰『华』。《古今注》曰：『芙蓉，一名荷华，华之最秀异者也。大者花至百叶。』然则华亦谓之『芙蓉』，《楚辞》所谓『搴芙蓉兮木末』，盖言此也。凡物皆先华而后实，独此花果齐生，故西域之书多言此。《诗》曰：『有蒲与荷』，『有蒲与蕳』，『有蒲菡萏』，『荷』，言其质之柔，『蕳』，言其气之芳，『菡萏』，言其色之美。《拾遗记》曰：『昆流素莲，一房百子，凌冬而茂。』王文公曰：『莲花有色有香，得日光乃开敷，生卑湿淤泥，不生高原陆地。虽生于水，水不能没；虽生于泥，泥不能污。即华时有实，然花事始则实隐，花事已则实现。实始于黄，终于玄，而茎叶绿。叶始生也，乃有微赤。实既能生根，根又能生实。实，一而已，根则无量，一与无量，互相生起。其根曰藕，常偶而生，其中为本，华、实所出。藕白有空，食之心欢。本实有黑，然其生起为绿、为玄、为白、为青，为赤，而无有黑。无见无用而有见有用，皆因以出其名。曰蔤，退藏于密故也。』

❀木槿

《释草》曰：『椴，木槿。榇，木槿。』似李，五月始华。《月令》『木槿荣』是也。华如葵，朝生夕陨。一名舜，盖『瞬』之义，取诸此。《诗》曰：『颜如舜华。』又曰：『颜如舜英。』『颜如舜华』则言不可与久也，『颜如舜英』则愈不可与久矣。盖荣而不实者谓之『英』。《人物志》曰：『草之精秀者为英，兽之将群者为雄。』张良是英，韩信是雄。《笃论》曰：『日给之花，似奈。』奈实而日给虚，虚伪之与真实相似也。羲之《法帖》曰：『来禽，青李。』来禽，奈属也，言果以美而来禽。

⊛蒲花

蒲，水草也，似莞而褊，有脊，生于水厓，柔滑而温，可以为席，故《礼》：『男执蒲璧。』言有安人之道也。《诗》曰：『扬之水，不流束蒲。』言激扬之水宜能浮泛，而蒲又轻扬善泛，今反不流如此，则以水力更微而不胜故也。《列子》曰：『虚则梦扬，实则梦溺。』扬，溺之反也。如蒲谷璧，《礼图》悉作草稼之象，今人发古冢得蒲璧，乃刻文蓬蓬如蒲花敷时，谷璧如粟粒尔。则《礼图》亦未可为据。

⊛芍药

《韩诗》曰：『芍药，离草也。』《诗》曰：『伊其相谑，赠之以芍药。』牛亨问曰：『将离，相赠以芍药，何也？』董子答曰：『芍药，一名可离，将别，故赠之。亦犹相招赠之以文无，故文无名当归。』其色世传以黄者为佳，谓此花产于广陵为上，得风土之正，亦犹牡丹之品，洛阳外无传焉。孔常父又云：『唐诗人如卢同、杜牧、张佑之徒，皆居广陵日久，未有一语及芍药者，是花品未有若今日之盛者也。』

【又】

芍药，香草，制食之毒者，莫良于芍药，故独得药之名。所为芍药之和，具而食之。崔豹《古今注》云：『芍药有二种，有草芍药，有木芍药。木者花大而色深，俗呼为牡，非也。』安期生服炼法云：『芍药有二种，有金芍药，木芍药。金者色白多脂，木者色紫多脉。』此则验其根也，即赤芍、白芍之分云。

⊛牡丹

说详欧记。

⊛丽春

《格物论》：『丽春，莺粟别种也，丛生，柔干，多叶，有刺，红、紫、白三种，今江浙间多此，惟金陵最胜。』

⊛水仙

杨诚斋云：『世以金盏银台为水仙，盖单叶者其状酒盏，深黄而金色。至千叶水仙，其中花片卷皱密蹙一片之中，下轻黄而上淡白，与酒杯之状殊不相似，此乃真水仙也。』

❀瑞香

《格物论》：『瑞香树，高三四尺，枝干婆娑，叶厚，深绿色，有杨梅叶者，有枇杷叶者，有柯叶者，有球子者，有奕枝者。花紫如丁香，惟奕枝者香烈。枇杷者能结子。本朝始著名瑞香，出于庐山。』

❀木笔

《格物论》：『辛夷木，高数尺，叶似柿而长，初出如笔。』李卫公手植此花，有诗。

❀酴醾

《格物论》：『酴醾花，藤长身，青茎，多刺，每一颖着三叶，品字。青跗红萼，及开变白。其香微而清。盘曲高架。一种色黄似酒，故加以酉字。』

❀蔷薇

《格物论》：『蔷薇，一名牛勒，一名牛棘，一名刺红，一名蔷薇。藤身，茎青，多刺。其花或白，或紫，或黄。』

凌霄

《格物丛话》：『《本草》云紫葳，一名凌霄。初作藤蔓生，依大木。岁久，延引至巅，而有花，黄赤色。』

葵花

《格物丛话》：『葵花之种不一。黄如木槿，檀心，与姚黄或白、或红、或紫黄色叶相类者，名蜀葵。花之小者，名锦葵，又名茂葵，俗号曰一丈红。』

【又】《说文》一条

《说文》：『黄葵，常倾叶向日，不令照其根。』

【又】《左传》一条

《左传》：『葵酒能卫其足。』

合欢

《格物论》：『夜合，亦名合昏。』按，《图经》：『安和五脏，和心志，令人欢乐，人家多植于庭除。枝甚柔弱，叶似荚槐，其叶暮而合。』

桂花

《格物丛话》：『桂，梫木也，一名木犀，丛生岩岭间，故名岩桂花。数品，或白，或红，或黄，或紫，黄者能着子，不如红，紫者尤佳。』

【又】

《本草》：『桂有三种，菌桂，生交趾、桂林，正圆如竹，有二三重者。叶似柿，花白蕊黄，四月开，五月结实。』《离骚》『杂申椒与菌桂』『矫菌桂以纫蕙』是也。

芙蓉

《格物丛话》：『芙蓉之名二，出于水者，谓之草芙蓉，荷花是也；出于陆者，谓之木芙蓉，此花是也。八九月有拒霜之名，又曰木莲。』

石榴

《埤苍》曰：『石榴，奈属也。』《博物志》曰：『张骞使西域，还，得安石榴、胡桃、蒲桃。』缪袭《祭仪》曰：『秋尝果以梨、枣、奈、安石榴。』沈约《宋书》曰：『晋安帝时，武陵临沅献安石榴，一蒂六实。』《邺中记》曰：『石虎苑中有安石榴，子大如碗盏，其味不酸。』周景式《庐山记》：『香炉峰头有大盘石，可坐数百人，垂生山石榴，三月中作花，色似石榴而小淡，红敷，紫萼，炜晔可爱。』《格物丛谈》：『榴花来自安石国，故名石榴。亦有从海外新罗者，故名山海榴。』

⊛海棠

棠之称甚众，若《诗》有『蔽芾甘棠』，又曰『有杕之杜』，又《尔雅·释木》曰：『杜，甘棠也。』郭璞注：今之杜梨『杜，赤棠。白者棠。』又《吕氏春秋》：『果之美者，棠实。』又俗说有地棠、棠梨、沙棠，味如李，无核。较是数说，俱非谓海棠也。凡今草木花名中之带海者，悉从海外来，故知海棕、海柳、海石榴、海木瓜之类，俱无闻于记述。岂以多而为称耶？又非多也，诚恐近代得之于海外耳。又杜子美《海棕行》云：『欲栽北辰不可得，惟有西域胡僧识。』若然，则赞皇李德裕之言不诬矣。海棠虽称盛于蜀，而蜀人不甚重，今京师、江淮尤竞植之，每一本价不下数十金。胜地名园，目为佳致。而出江南者，复称之曰南海棠，大抵相类而花差小，色尤深尔。棠性多类梨，核生者长迟，逮十数年，方有花。都下接花工多以嫩枝附梨而赘之，则易茂矣。种宜垆壤膏沃之地。其根色黄而盘劲，其木坚而多节，其外白而中赤，其枝柔密而条畅。其叶类杜，大者缥绿色，而小者浅紫色。其红花五出，初极红，如胭脂点点然，及开则渐成缬晕，至落则若宿妆淡粉矣。其蒂长寸余，淡紫色，于叶间或三朵至五萼为丛而生。其蕊如金粟，蕊中有须，须如紫丝。其香清酷，不兰不麝。其实状如梨，大若樱桃，至秋熟可食，其味甘而微酸。

【又】

《长乐志》：『海棠色红，以木瓜头接之，则色白。』

【又】

《长春备用》云：『每岁冬至前后，正宜移掇窠子，随手使肥水浇，以盦过麻屑粪土，壅培根底，使之厚密。才到春暖，则枝叶自然大发，着花亦繁密矣。』

【又】

《琐碎录》：『海棠花欲鲜而盛，于冬至日早，以糟米浇根下。』

【又】

《复斋漫录》：『仁宗朝，张冕学士赋蜀中海棠诗，沈立取以载《海棠记》中云：「山木瓜开千颗颗，水林檎发一攒攒。」注云：「大约木瓜、林檎，花初开皆与海棠相类。」若冕言，江西人正谓棠梨花耳，惟紫绵色者，始谓之海棠，似木瓜、林檎六花者，非真海棠也。晏元献云：「已定复摇春水色，似红如白海棠花。」然则元献亦与张冕同意。』

【又】

黄海棠，木性，类海棠，青叶微圆而色深，光滑，不相类。花半开，鹅黄色，盛开，渐浅红矣。

❀迎春

每于花放时移栽，肥土则茂。燖牲水灌之，则花蕃。

❀山茶

以单叶接千叶，花茂树久。或以冬青接，十不活二三也。

❀月月红

四季开花，花开后即去其蒂，勿令长大，则花发无已。

第十九卷

花之妬

槜李 仲遵 王路 纂修

凡忌克不相容处，尽见其着忙。

卷十九索引

⊛刀斫树

武阳女嫁阮宣武，绝忌。家有一株桃树，花叶灼耀，宣叹美之。即便大怒，使奴取刀斫树，摧残其花。

⊛狂风

风有轻风，有清风，有和风，有微风，皆能与花相洽。惟狂则为暴，为逆，为颠倒，为摧折，常与花作对矣。不为嘘呵，而为猖狂，花何仇于尔？

⊛连雨

津津雨气，暂为濡润，宜无不可。若连雨，则不免于霪矣。以轻艳之弱质，如淋漓曲蘗，如泛溺洪，其何能堪？故连雨为妒花之最。

⊛烈日

和煦，最为长养万物之原，云何入妒？惟烈日为似之耳，一经播焰，弱态空怜，为垂英，为落英，为残英，为飞英，亦何因至此？

降寒

花中有山茶、梅花、瑞香、月季，俱不畏寒，色愈艳，此秉质之异者也。而他花遇寒即萎，若降寒，几于灭迹矣。是果寒逼花使避耶？抑花畏寒甘退耶？此中有两不相容之感。

俗子

庸夫俗子具一双肉眼，不识名花为何物，委而去之犹可。至有或滋诽议，或肆凌铄，不啻如草如芥，若粪若秽。具耳目聪明，为人知识如此，何异羊犬而亦衣冠。

鸦鹊

万物皆有禄，造化宁独靳于尔，剥啄反在花丛？若花蕊可充尔肠胃，繁英可供尔寝处，则尔之横暴，当何底止哉！倘非阴险狡伪之奸回，定是掩袂攻谗之悍妇。

虫蚁

蜂蝶生来恋花，犹情之所钟，正在此类。然未开不损，见彼之仁；既放始来，见彼之圣；栖迷香粉，见彼之逸；得趣抽身，见彼之高。而虫蚁何为？寻滋则耗花之髓，嗜味则侵花之脑，托宿则蚀花之根，繁息则锢花之叶。据彼所为，其惨何异人龛、骨醉哉？特为拈出，以著其嫉妒之罪。

⊛ 论差除

名花不可轻为轩轾，遇花不赏，反论差除，欲减花声价，则花为无颜；欲訾花容姿，则花非有口；欲嫌花臭味，则花非蒙秽。花原自贵，不惜知希，彼妄肆憎嫉者，意欲何为？

⊛ 对花张幕

花可赏玩，不可侵逼。张幕，则花无面目矣。紫幕能夺花色之红，红幕能夺花色之紫，青幕能夺花色之翠。无论有此，只增障碍，偏以之对花，则不能重花，而反以胜花矣。善护花者，当不如是。

⊛ 试妆嗔

唐伯虎作《海棠花》诗，云：『昨夜海棠初着雨，朵朵轻盈娇欲语。佳人移步出兰房，摘来临镜试新妆。问郎花好奴颜好，郎道不如花窈窕。佳人发怒作娇嗔，难道死花胜活人。将花揉碎掷郎前，请郎今夜伴花眠。』

第二十卷

花之厄

槜李 王路 纂修

仲遵

风雨摧残，浮恶揉碎，犹其浅耳。兀已逮及根株矣，应为花太息，并告护花君子，当于此用恩焉。

卷二十索引

剷去

唐韩弘罢宣武节制，归长安，私第有牡丹杂花，命剷去之，曰：『吾岂效儿女辈耶？』当时为牡丹包羞之不暇。

踶蹴

宋富郑公留守西京，召文潞公等赏牡丹。邵康节在，坐客曰：『此花有数乎？』邵筮之，凡若干朵。又问：『此花几时开尽？』邵再筮之，曰：『尽来日午时。』明日，郑公复集会以验之，至日午，忽群马逸出，踶蹴花丛，花立尽矣。

传摘

永叔在杨洲会客，取荷花千朵，插画盆中，围绕坐席，命客传花，人摘一叶，尽处饮酒。

⊛投火

周之翰寒夜拥炉爇火，见瓶内所插折枝梅花冰冻而枯，因取投火中，戏作《下火文》云：『寒勒铜瓶冻未开，南枝春断不归来。这回勿入梨云梦，却把芳心作死灰。恭惟地炉中处士梅公之灵，生自罗浮，派分庾岭。形若槁木，棱棱山泽之臞；肤如凝脂，凛凛冰霜之操；春魁占百花头上，岁寒居三友图中。玉堂苑舍本无心，金鼎商羹期结果。不料道人见挽，便离有色之根；夫何冰氏相凌，遽返华胥之国。玉骨拥炉烘不醒，深魂剪纸竟难招。纸帐夜长，犹作寻香之梦；筠窗月淡，尚疑弄影之时。虽宋广平铁石心肠，忘情未得；使华光老丹青手段，模索未真。却愁零落一枝春，好与茶毗三昧火。惜花君子，还道这一点香魂，今在何处？咦！炯然不逐东风散，只在孤山水月中。』

◉附 花屯难

丑妇妒与邻、俍人爱与嫌、盛开值私忌、主人悭鄙、和园卖与屠沽、三月内霜雹、赏处着棋斗茶、筵上持七八、盛开债主临门、箔子遮园、露头跣足对酌、遭权势人乞接头、剪时和花眼、正欢赏酗酒、头戴如厕、听唱辞传家宴、酥煎了下麦饭、凋落后苕箒扫、园吏浇湿粪、落村僧道士院观里

第二十一卷

花之药

槜李 仲遵 王路 纂修

取其材味，偶检花事及之，不为传方计也。

卷二十一索引

⊛百花

凤刚者，渔阳人也，常采百花，水浸，封泥埋之百日，煎为丸。卒死者，入口即活。

⊛桃花

范文正公女孙病狂，尝闭一室。窗外有大桃树一株，花适盛开。一夕断棂，登木食桃花几尽，自是遂愈。

⊛秋葵

秋葵花，用香油浸之，可搽汤炮火烧，立效。

⊛凤仙

凤仙花，子可入药，白者尤可用。

⊛茱萸

泸州宝山，一名泸峰山，多瘴，三、四月感之必死，五月上旬则无害。土人以茱萸咽茶，可避岚气。

⊛鸡冠

鸡冠之白者，可治妇人淋疾。

⊛栀子

栀子，其花小而单台者，则结山栀，可作药材。

⊛郁李

郁李花，其子可入药。

⊛枳壳

枳壳花，其种甚贱，篱傍植之，实可入药用。

⊛菊水

《荆州记》：『郦县北有菊水，其涯悉芳菊，破岸水甚甘馨。胡广久患疯羸，饮此，疾遂瘳。』

⊛石瓜

乌撒军民府土产树生，坚如石，善治心痛。

⊛秋菊

晋潘尼《秋菊赋》：『垂采炜于芙蓉，流芳越乎兰林。』又曰：『既延期以永寿，又蠲疾而弥痾。』

【又】

晋傅玄《菊赋》：『布护河洛，纵横齐秦，掇以纤手，承以轻巾。服之者长寿，食之者通神。』

【又】

《本草》载：《神农》以菊味为苦，《名医》以味为甘，例皆疗病。意《神农》取白菊言之，《名医》取黄菊言之。

【又】

日华子云：菊花治四肢游风，利血脉，并头痛。作枕明目，叶亦明目，生熟并可食。菊有两种，花大气香者为甘菊，花小气烈者名野菊。然虽如此，园蔬内种肥沃后同一体。

【又】

《神农本草》云：『菊花味苦，主头风、头眩、目泪出、恶风湿痹。久服利血气，轻身延年。』

【又】

《名医别录》云：『菊花味甘，无毒，疗腰痛去来，除胸中烦热。』

【又】

东坡《仇池笔记》云：『菊黄中之色，香味和正，花叶根实，皆长生药也。北方随秋早晚，大略至菊有黄花乃开。岭南冬至乃盛，地暖，百卉造作造一作迭无时，而菊独后开。考其理，菊性介烈，不与百卉并盛衰，须霜降乃发，岭南常以冬至微霜也。仙姿高洁如此，宜其通仙灵也。

【又】

《千金方》：『常以九月九日取菊花作枕袋、枕头，大能去头风、明眼目。』陈钦甫《九日》诗云：『菊枕堪明眼，茱囊可辟邪。』

❀白菊

陈藏器云：『白菊味苦，主风眩。变白不老，益颜色。』杨损之云：『甘者入药，苦者不任。』

⊛甘菊

《玉函方》云：『王子乔变白增年方：甘菊三月上寅日采，名曰玉英；六月上寅日采，名曰容成；九月上寅日采，名曰金精；十二月上寅日采，名曰长生。长生者，根茎是也。四味并阴干，百日，取等分，以成日合捣，千杵为末，酒调下一钱七。以蜜丸如桐子大，酒服七丸，一日三服。百日，身轻润泽；服之一年，发白变黑；服之二年，齿落再生，八十岁老人变为童儿，神效。

⊛莲花汁

《抱朴子》：『刘生丹法，用白菊汁、莲花汁，和丹蒸之，服一年，寿五百岁。』

⊛野蔷薇

野蔷薇有二种：雪白，粉红。采花采叶，瘧病煎服，即愈。

⊛淡竹花

淡竹花，性最凉，其叶煎汤饮，可治一切热病。

四季花

其枝叶捣汁，可治跌打损伤，又名接骨草。

石合草

施州卫出，其苗绕树作藤，能治疮肿。

金星草

施州出，其草治发背。

鼓子花

花开如拳不放，顶幔如缸鼓式，色微蓝。可观，又可入药。

水红花

其花叶用以煎汁，洗脚疯痒，绝妙。

龙牙草

龙牙草，株高二尺，春夏采之，治赤白痢疾。施州出。

金棱藤

金棱藤，有叶无花，可疗筋骨痛。

蒌叶藤

云南出。叶似葛蔓，附于树，可为酱，即《汉书》所为『蒟酱』也。实似桑葚，皮黑，肉白，味辛，合槟榔食之，御瘴气。

双鸾菊花

此花根可入药，名曰乌头。

附

白花蛇

南阳府产，亦产黄州。顶有方胜，尾有指甲，长尺余，能治风疾。

苦药子

重庆府忠州出产。性寒，解一切毒。

第二十二卷

花之毒

檇李 仲遵 王路 纂修

能伤人者，亦宜查验记忆。

卷二十二索引

凌霄花

蔓生，黄花，用以蟠绣大石，似亦可观，但其花能堕胎。或清晨仰视，露滴目，令人丧明。

萱花

俗名鹅脚花，有三种，单瓣者可食，千瓣者食之杀人，惟色如蜜者，香清叶嫩，至夜更香，可玩。予家园金萱最多，亦千叶，摘以供馔，习以为常，经年食之，未见有毒，应是他种。

茉莉花

昔人诗有『茉莉异香含异毒』之句，曰『异毒』，则此花不宜点茶。予旧闻欲得其香者，取花浸井，花水覆之杯中经宿。客至，茶杯间分滴井水少许，不见花而茉莉之香已盈室矣。然老人言，饮之得肚饱发虚之病，则此花岂应尝试。

羊踯躅

生诸山中，花大如杯盏，类萱，色黄，羊食之则踯躅而死，或云羊食则生疾若痫。

⊛腊梅花

或云腊梅花，人多爱其香，但可远闻而不可嗅，嗅之则头痛，试之不爽。

⊛紫荆花

或云其花投鱼羹及饭中，能杀人，宜防之。

⊛真珠兰

真珠兰，又名鱼子兰，叶能断肠。

⊛杏花

《花谱》云：『杏仁有毒，须令极热，中心无白为度。』

⊛野菊

《牧竖闲谈》云：『蜀人多种菊，以苗可入菜，花可入药，园圃悉植之。郊野人多采野菊供药肆，颇有大误。真菊延龄，野菊泻人。』

◉附　瓶花

忌以插花之水入口。凡插花水有毒，惟梅花、秋海棠二种毒甚，须防严密。

第二十三卷

花之似

槜李 仲遵 王路 纂修

此卷取其似花非花，
别是一番景色。
或庭前篱下，
或寓物显形，
均造物之巧。

卷二十三索引

◉ 草本

⊛老少年

至秋深，脚叶深紫，而顶叶娇红。与十样锦俱以子种，在正月候，撒于耨熟肥土上，加毛灰盖之，恐防蚁食，二月中即生。亦要加意培植扶持，若乱撒花台，则蜉蚰伤叶，即不生矣。《谱》云：『纯红者，老少年，红黄绿相兼者，名锦西风。以鸡粪壅之，长竹竿扶之，可以过墙。』

⊛金灯笼

草本，结子俨若灯笼，薄衣为罩，内包红子，大若龙眼。去衣看子，甚妙。

⊛锦荔枝

草本，藤蔓，种盆成盖。生果若荔枝，少大，色金红，肉甜，子可入药。秋结实，颇亦可观。

翠云草

性好阴，色苍翠，其根遇土便生，见日则消。栽于虎刺、芭蕉、秋海棠下极佳。

天茄子

草本，状若茄子，差小，色青，长寸许。熟时采，以盐汤焯过，可供茶品，甚佳。

木本

阑天竹

生诸山中，叶俨似竹。生子枝头，成穗，红如丹砂，经久不脱，且耐霜雪。花在梅雨中开，植之庭中，可避火灾。

平地木

高不盈尺，叶色深绿。子红甚，若棠梨下缀。且托根多在瓯兰之旁，岩壑幽处，似更可佳。

⊛虎刺

产杭之萧山，白花，红子，而子性坚，虽严冬厚雪，不能败也。虎丘者，叶细，畏日色，经粪即死。其枯枝不宜手摘，并忌人口热气相近。宜种阴湿之地，春初分栽。四月内开细白花，花开时，子犹未落，花落结子细，大红如丹砂。百年者，止高三四尺，想不易长者。

⊛霸王树

产广中，本肥，状如掌，色翠绿，上多米色点子，叶生顶上，殆天地间之奇树也。

⊛青珊瑚

产广中，结实如珊瑚钩，色青翠可玩。

⊛铁树

产广中，色俨类铁，其枝丫穿结，甚有画意。

⊛羊婆奶

木本，细叶。其子状若乳头，累累而生，色带青紫，入口酸甜，可食。

◉ 藤本

⊛ 雪下红

生子类珠，大若芡实，色红如日，粲粲下垂，积雪盈颗，似更有致，故名雪下红。

⊛ 地珊瑚

产凤阳诸郡中，其子红亮，克肖珊瑚，状若笔尖下悬，不畏霜雪。初青后红，子可种。又名海疯藤。子有毒，甚辣，不可入口。

⊛ 野葡萄

生诸山中，子细如小豆，色紫，蓓蕾而生，状若葡萄。蟠之高树，悬挂可观。

⊛ 茅藤果

藤本，亦可移植盆中，结缚成盖。其子红甚，柔挂累累，颇可观玩。

◉物象

⊛灯花 此天地间自然之花，故不入《变》。彼属人巧，与天成不同

青灯夜坐，凡有喜信者，灯先试花，其状若芝，乱蕊丛生。花大者，主喜事三日五日。

⊛雪花

花飞六出，舞象太空。或曰此太阴之精，又阴数从六，雪花所以得名。

⊛浪花

不拘河海，浪自成花。箪瓢子有诗云：『浪花飞雪晚风颠，逆水归舟着力牵。牵过塘湾三尺堰，且看此路是谁先。』浪花亦非无据。

⊛墨花

墨亦生花，此原易见。至辞翰藻缋，又深言之，非墨花之本色。

⊛花石

徐州产，州境诸山皆有，惟出固悬者佳。

⊛木花

刘轮之子运斤成风，木片纷飞，薄而能卷，木花之名，老稚皆知之矣。

⊛天花

山西太原府五台山出。

⊛花猫

承天府土产，其皮岁贡。

⊛花纹石

延平南屏出，色青，纹素，有山林禽鸟状，可为屏。

⊛石花鱼

保德出产。

桐花凤

成都小鸟，红翠碧色相间，生桐花中，花落遂死。

花竹簟

重庆府江津土产。

花梨木

黎州安抚司土产。

花斑石

大同府蔚州广陵出。

花斑布

南阳宣抚司土产。

五色花石

云南产，状如玛瑙，可作盘。

食品

莲花饼

郭进家有婢，能作莲花饼，餡有十五隔者，每隔有一折枝莲花，作十五色。

水梭花

僧家以鱼为水梭花。

雪花菜

豆经磨腐，其屑尚可作蔬，持斋者号为雪花菜。

兰花豆

嘉禾风俗，取蚕豆，每粒破为四叶，菜油沸之，加以香料焙燥，状如兰花，味为上品。

牡丹鲊

吴越有一种玲珑牡丹鲊，以鱼叶斗成牡丹状，既熟，出盎中，微红，如初开牡丹。

第二十四卷

花之变

槜李　仲遵　王路　纂修

此卷全非花之本质，但亦托花之名，冒花之实，故殿之。

卷二十四索引

五四三 …… **锦绣花**

唾袖、地莲、藕覆

五四四 …… **图象花**

施帐、桂扇、涂翅、洪梅、贾莲、华光梅、姚芙蓉

五四六 …… **异象花**

天花、枕桃、冰花、墨桃、红雨、暗香、法云、瑞木、卵花、香瓣、莲漏、檐卜、天水碧、二色酒、顷刻牡丹、方冬桃杏、口中芙蕖、白玉莲杯、桃花巾帕

剪彩花

宫树

隋炀帝筑西苑，每宫树凋落，则剪彩为花叶，缀于枝条。色渝，易以新者，常如阳春。

花样

京师立秋，满街卖秋叶，妇女儿童皆剪成花样戴之，形制不一。

芙蓉菱藕梅

晋新野君传家，以剪花为业，染绢为芙蓉，捻蜡为菱藕，剪梅若生。

通草

晋惠帝正月，百花未开，令宫人剪通草，五色咸备。

连理

薛瑶英于七夕剪彩，作连理花千余朵，从空扬之，色如云霞，藉以乞巧。

彩树

武后时立春日，内出彩花树，侍臣各赐一枝。

雕刻花

碑镌

李辅国葬父，碑石用豆屑一千团，磨莹如紫玉，碑字四面，镌葵花三百朵。

雕瓜

京师七夕，以瓜雕刻成花样，谓之花瓜。

砚刻

赵松雪有砚石，色如玛瑙，四面悉刻作莲花瓣，名莲叶砚。

镂金

孟昶时，每腊日，内官各献花树。梁守珍献忘忧花，缕金于花上，曰独立仙

砌刻

石崇砌上，就苔藓刻百花，饰以金玉，曰：『壶中之景，不过如是。』

鲛胎盏

张宝尝使子弟巡市，乞鸭卵壳，以金丝缕海棠花，名鲛胎盏。

菱藕花鸟

徐婕妤七夕，雕镂菱藕，作奇花异鸟以进。

珍宝花

翠钿

韦固妻王氏极姿容，因眉间有伤痕，常以翠花钿贴之，故后人效焉。

卧履

徐月英卧履，皆以薄玉花为饰，内散以龙脑诸香屑，谓之『玉香独见鞋』。

金莲

李后主宫嫔窅娘纤丽善舞，后主作金莲，高六尺，令窅娘素袜舞莲中，回旋有凌云态。

神丝被

同昌公主室中设神丝被，绣三千鸳鸯，间以奇花异叶。

歌舞台

宝历二年，浙东国贡舞女二人，上琢玉芙蓉以为二女歌舞台。

锦绣花

唾袖

赵皇后尝误唾婕妤袖，婕妤曰：『姊唾染人绀袖，正似石上花，假令尚方为之，未必能如此之花。』以为石花广袖。

地莲

齐东昏凿金为莲，贴地，令潘妃穿宝屦行其上，曰：『此步步生莲花也。』

藕覆

太真着并头莲锦袴袜，上戏曰：『此真莲花也。』太真问故，上笑曰：『不然，安得有白藕？』由是名袴袜为藕覆。

图象花

施帐

北朝妇人端午日，图午时花，施帐之上。

桂扇

昔有老子卖雪糕，有道人每日必赊钱一两文，及百钱，语老子曰：『欠汝多，奈何？』与青布扇，上有桂花一枝，曰：『以此相酬，每糕熟，以扇扇之，则糕作桂花香。』老子验之，果然，明日争买，数年置田十数顷。一日，道人复至，老子曰：『人多谓若作菊花香更好，还可作菊花扇否？』道人曰：『只用旧扇画过。』明日，用扇扇之，作臭气，味亦苦涩不可食，隧无买者。

⊛ 涂翅

后唐宫人网获蜻蜓，以描金笔涂翅，作小折枝花，养之金笼。后上元卖花者，取象为之，售于游女。

⊛ 洪梅

洪觉范能画梅花，每用皂子胶画梅于生绢扇上，灯月下映之，宛然疏影。

⊛ 贾莲

贾秋壑开阃扬州时，有道人求见，问其所能，曰：『善画莲。』秋壑馆之于小金山放鹤亭，索绢四幅，闭门不容观者。逾五六日，秋壑自往观之，则仅画其一莲叶，倾露珠滴滴流下，滴于石上，复散滴于地。秋壑见精妙，令了之，道人辞去，约再来。秋壑挂于壁上，每风起，则荷叶动，露珠倾尽，已而复然。道人不可复索，方知神仙也。

⊛ **华光梅**

衡州华光长老写梅花，黄鲁直观之，曰：『如嫩寒春晓，行孤山水边篱落间，但欠香耳。』

⊛ **姚芙蓉**

姚月华尝画芙蓉匹鸟，约略浓淡，生态逼真。

◉ 异象花

⊛ **天花**

天帝令玉女以天花散居菩萨，悉皆堕落，惟尘劫未尽者，沾身不落。

⊛ **枕桃**

蔡君谟水晶枕中，有桃一枝，宛如新折。

⊛ **冰花**

余杭万氏有水盆，冬月以水沃之，冰凝成花，人多携酒就观。

❂墨桃

安期生以醉墨洒石上，皆成桃花。

❂红雨

天宝时宫中下红雨，如桃花，太真用染衣裾。

❂暗香

陈郡庄氏女好弄琴，每弄《梅花曲》，闻者皆云有暗香。

❂法云

梁僧讲经，有法云四布，天花乱坠。

❂瑞木

王纶有女年十四，自称燕华君，初不识字，而能作诗。一日作《雪》诗，中有『瑞莲』二字，父问何出，女曰：『天上有瑞木，花开六出。』

❂卵花

向声能于铛中，以手拨鸭卵成花。

⊛香瓣

赵王琇以诸品奇香，捣为尘末，遍筛地上，令飞燕行其上，笑曰：『此香莲落瓣也。』

⊛莲漏

远公居庐山，作莲花漏。

⊛檐卜

杜岐公悰别墅，建檐卜馆，形亦六出，器用之属皆象之。

⊛天水碧

李后主末年，宫人竞服碧衣，取靛花，盛天雨水，澄而染之，号天水碧。

⊛二色酒

西门季玄造二色酒，白酒中有黑花，斟于器中，花亦不散。

⊛顷刻牡丹

韩文公侄湘落魄不羁，尝命作诗见志云：『会造逡巡酒，能开顷刻花。有人能学我，同共看仙葩。』公曰：『子能夺造化权乎？』湘曰：『此事何难？』因取土以盆覆之，俄生碧牡丹二朵，花间拥出金字一联，云：『云横秦岭家何在，雪拥蓝关马不前。』曰：『事久可验。』后公谪潮州，至蓝关遇雪，乃悟。

⊛方冬桃杏

武宗时术士王琼妙于化物，无所不能。方冬以药栽培桃杏数株，一夕，繁英尽发，芳蕊浓艳，月余方谢。

⊛口中芙蕖

欧公知颍州，有官妓卢媚儿，姿貌端秀，口中常作芙蕖花香。

⊛白玉莲杯

嘉祐中，有王永年者，谄事窦卞、杨绘。尝置宴，出其妻间坐。妻以左右手掬酒以饮，卞、绘谓之『白玉莲花杯』。

⊛桃花巾帕

杨贵妃每至夏月，常衣轻绡，使侍儿交扇鼓风，犹不解其热。每有汗出，红腻而多香，或拭之于巾帕之上，其色如桃花也。

第二十五卷

花之友

檇李　仲遵　王路　纂修

子瞻诗云：

『可使食无肉，不可居无竹。

无肉令人瘦，无竹令人俗。

人瘦尚可肥，士俗不可医。

旁人笑此言，似高还似痴。

若对此君仍大嚼，世间那有阳州鹤。』

读此事，

花者亦不可无竹，

故附《竹谱》，

以伺花主可也。

⊛竹谱

《竹谱》曰：『竹之品类六十有一。』

《志林》云：『竹有雌雄，雌者多笋，故种竹半择雌者。物不逃于阴阳，可不信欤？凡欲识雌雄，当自根上第一枝观之，双枝是雌，即出笋，若独枝者是雄。』

冬至前后各半月，不可种植，盖天地闭塞而成冬，种之必死。若遇火日及西南风，则不可，花木亦然。

种竹处当积土，冬稍高于旁地二三尺，则雨潦不侵损，钱塘人谓之竹脚。

竹有醉日，即五月十三日也。《齐民要术》谓之竹醉日，《岳州风土》谓之龙生日。种竹以五月十三日为上，是日培植尤佳。一云用辰日，山谷所谓『根须辰日劚，笋看醉留成。』又一云宜用腊日，杜少陵诗『东林竹影薄，腊月更宜栽。』予观谚云『栽竹无时，雨过便移，多留宿土，切记南枝。』则三说皆拘也。

又法三两竿作一本移，盖其根自相持，则尤易活也。

种竹以竹斫去本，止留二三寸，填土硫黄在管内，覆转，根反居上，用土覆，当季生笋。

竹与菊根皆长向上，添泥覆之为佳。

竹留三去四，盖三年留，四季者伐去。

竹以五月前、血忌日、三伏内及腊月斫者，不蛀。

竹之滋泽，春发于枝叶，夏藏于干，冬归于根。如冬伐竹，经日一裂，自首至尾，不得全。盛夏伐之最佳，但鞭皆烂，然要好竹，非盛夏伐之不可。七八月尚可。自此滋泽归根，而不中用矣。

《说文》：竹节曰约。

渭川千亩竹，其人与千户侯等。《史记》

竹得风，其体夭屈，谓之竹笑。

筍，陆佃云：『字从旬从日，包之日为筍，解之日为竹。』又曰：『字从竹从旬，旬内为筍，旬外为竹也。』

上番下番，竹之有上番下番，即今言大番小番也。番，去声，谓大年生笋多，小年生笋少也。杜诗『会须上番看成竹』，蔡梦弼注不知此义，乃云：『上番音上筤，蜀名竹丛曰林筤』，误之甚矣。既不识竹，又不识诗，真瞎子也，何以注为？非万玉主人，不知此妙。

竹复死曰 。

《山海经》曰：『竹生花，其年便枯。』竹六十季易根，易根必花，结实而枯死。实落后复生，六年而成町。子作蕙，似小变。其治法：于初米时，择一竿稍大者，截去近根三尺许，通其节，以粪灌之，则止。

⊛方竹

澄州产方竹，体如削成，劲挺堪为杖，亦不让张骞筇竹杖也。其隔州亦出，大者数丈。

⊛蕲竹

蕲竹，黄州府蕲州出，以色莹者为簟，节疏者为笛，带须者为杖。唐韩愈诗：『蕲州笛竹天下知，郑君所宝尤瑰奇。携来当昼不得卧，一府争看黄琉璃。』

⊛斑竹

斑竹甚佳，即吴地称湘妃者，其斑如泪痕。杭产者不如。亦有二种，出古辣者佳，出陶虚山中者次之。土人裁为箸，甚妙。余携数竿回，乃陶虚者，故不甚佳。

⊛种竹法

以竹斫去本，止留二三寸，填土硫黄在管内，覆转，根反居上，用土覆，当年生笋。

第二十六卷

花麈

檇李 仲遵 王路 纂修

小引

予《花史》肇自丙辰夏日，历三季始脱稿。《左编》花之事迹计二十四卷，《右编》花之辞翰陆续品辑约一十二卷。试镜自验，瘦削见骨者凡再，心血不知耗去几斗，乃成此事。又念古人一倾一吐，皆以鸣心，潇洒风神，见于笔墨之外，是可为谭资者，未尽也，不惜因花憔悴，补缀数条，复为《花麈》。其闰分耳，虽劳顿自私，略足为花神生色。世有人焉，寓物寄情，以共赏者为独赏，复以赏心者赏花，应不虚耳。予落落自负情痴，过怜隙驹，深惭凉德，而鸿骏又不可冀，趁此哀迈未逼，辄复死心，蠹鱼食神仙字，微得一事，是我生之一日也。若曰好闲，予方欲偷闲未得，窃慕古人秉烛夜游者，不胜呼跃也，此闲功夫，又从何处得来？故以我为闲，固非知己，以我为非闲，亦非深知予者也。

浙人王路书于陈山之万松台

卷二十六索引

百花主人辑

簪花

东坡云：『人老簪花不自羞，花应羞上老人头。』康节云：『花见白头人莫笑，白头人见好花多。』康节壮，而东坡怯。

醉花

陆放翁因山园草间菊数枝开，席地独酌，有诗曰：『屋东菊畦蔓草荒，瘦枝出草三尺长。碎金狼籍不甚摘，扫地为渠持一殇。日斜大醉叫堕帻，野花村酒何曾择。君不见诗人跌宕例如此，苍耳林中留太白。』于此可见放翁爱菊之意。

聘花

《云仙录》：『黎举常云：欲令梅聘海棠，枨子臣樱桃，及以芥嫁笋，但时不同。然牡丹、酴醾、杨梅、枇杷，尽为执友。』

⊛卧花

元僧觉隐《睡起》诗云：『花下抛书枕石眠，起来闲漱竹间泉。小窗石鼎天犹暖，残烬时飘一缕烟。』吴陈完跋其诗谓：『觉隐，名文诚，字道元，浙人也。与笑隐诉公、天隐至公，皆以诗自豪，相颉颃，时号三隐。』

⊛浴花

《冷斋夜话》：『前辈作花诗，多用美人比其状，如曰：「若教解语应倾国，任是无情也动人。」陈俗哉。山谷作酴醾诗曰：「露湿何郎试汤饼，日烘荀令炷炉香。」乃用美丈夫比之，若将出类。而吾叔渊材作海棠诗又不然，曰：「雨过温泉浴妃子，露浓汤饼试何郎。」意尤工也。』

⊛绘花

毗陵张敏叔绘十花为一图，曰『十客图』，其间菊花曰『寿客』。钱塘关士容赋诗云：『莫惜朝衣换酒钱，渊明邂逅此花仙。重阳满满杯中泛，一缕黄金是一年。』

⊛尊花

蜂采百花，俱置翅股间，惟兰花则拱背入房，以献于王。物亦知兰之贵如此。

⊛惜花

姑苏唐子畏寅尝过闽宁德，宿旅邸，馆人悬画菊，子畏愀然有感，题绝句云：『黄花无主为谁容，冷落疏篱曲径中。尽把金钱买脂粉，一生颜色付西风。』盖自况云。

⊛品花

王荆公云『梨花一枝春带雨』，『桃花乱落如红雨』，『珠帘暮卷西山雨』，然不若『院落深沉杏花雨』，言有尽而意无穷。

⊛说花

占城使人入贡诗，其《初发》云：『行尽河桥柳色边，片帆高挂远朝天。未行先识归心早，应是燕山有杜鹃。』其《扬州对客》云：『三月维扬富风景，暂留佳客与同床。黄昏二十四桥月，白发三千余丈霜。玉句诗闻贤大守，红莲书寄好文章。欲寻何逊旧东阁，落尽梅花空断肠。』其《江楼留别》云：『青嶂俯楼楼俯渡，远人送客此经过。西风扬子江边柳，落叶不如愁思多。』又尝寓苏之天王堂，问葵花何名，人给之以一丈红花，即题云：『花于木槿浑相似，叶比芙蓉只一般。五尺栏杆遮不尽，独留一半与人看。』

⊛哦花

少游在黄州，饮于海桥。有老书生家海棠丛间，少游醉卧宿于此。明日题其柱曰：『唤起一声人悄，衾暖梦寒窗晓。瘴雨过，海棠开，春色又添多少。社瓮酿成微笑，半破癯瓢共舀。觉健倒，急投床，醉乡广大人间小。』东坡爱之。

⊛着花

或云石竹草品纤细而青翠，花有五色，娟动人。杜子美诗云『麝香眠石竹』，又云『石竹绣罗衣』是也。

⊛记花

东坡《记菊帖》云：『岭南地暖，而菊独后开。吾以十一月望，与客泛菊，作重九书以为记。』

⊛叹花

乐清鹤山赵公廷松以京职出，补福宁同知，暇日登州后龙首山，傍麓有巨石，平旷可容三二十人，公披荆棘视之，崖而有刻『芙蓉台』三字可观，公即其上辟荒建亭，自书扁曰『芙蓉别院』，作《芙蓉叹》有云：『台高望寒江，秋风凄以哀。荆棘浥露华，兰桂生尘埃。出水祇为妍，凝阴向谁开。物情故乃尔，世事良悠哉。』

⊛惭花

《花木录》：许昌薛能《海棠诗叙》：『蜀海棠有闻而诗无闻。』

⊛拟花

东坡谪居齐安时，以文章游戏三昧，齐安乐藉中李宜者，色艺不下他伎，他伎因燕席中有得诗曲者，宜以语讷不能有所请，人皆咎之，坡将移临汝于饮饯处，宜哀鸣力请，坡半酣，笑谓之曰：『东坡居士文名久，何事无言及李宜，恰似西川杜工部，海棠虽好不吟诗。』

⊛**谥花**

《仙书》：茱萸为『辟邪翁』，菊花为『延寿客』，故假此二物，以消阳九之厄耳。

⊛**餐花**

荷曰芙蕖，其中的。《诗义疏》曰：『五日中生，生噉脆，至秋，表皮黑。的成可食，或可磨以为饭，如粟饭，轻身益气，令人强健，又可为糜。』

⊛**恋花**

梅妃姓江氏，名采苹，性喜梅，所居阑槛，悉植数株，榜曰『梅亭』。梅开赋赏，至夜分，尚顾恋花下，不能去。上以其所好，戏名曰『梅妃』。妃有《梅花赋》。

⊛**忆花**

唐李义山《菊》诗曰：『陶令篱边色，罗含宅里香。』又云：『罗含黄菊宅，柳恽白苹门。』

按罗含，字君章，晋耒阳人。

⊛辨色

紫菊之名，见于孙真人《种花法》，又见于诸谱中。此品传植已久，故唐宋诗人称述亦多。萧颖士《菊荣篇》：『紫英黄萼，照耀丹墀。』杜荀鹤诗：『雨匀紫菊丛丛色。』赵嘏：『紫艳半开篱菊静。』夏英公诗：『落尽西风紫菊花。』韩忠献公诗：『紫菊披香碎晓霞。』则紫花定是佳品。

⊛寻香

《九峰近略》云：『竹未尝香也』，而杜子美诗云『雨洗涓涓净，风吹细细香。』雪未尝香也，而李太白诗『瑶台雪花数千点，片片吹落春风香。』予亦谓雨未尝香也，李贺《四月词》：『依微香雨青氛氲。』

⊛香艳

明皇与贵妃幸华清宫，宿酒初醒，凭妃肩看牡丹，折一枝与妃，递嗅其艳，曰：『此花香艳，尤能醒酒。』

⊛香冷

王龟龄十朋取庄园花卉，目为十八香。以菊为冷香，诗曰：『佳节逢吹帽，黄金染菊丛。渊明何处饮，三径冷香中。』

⊛香甘

《越州图经》：『菊山，在萧山县西三里，多甘菊。』

⊛香含

稻花午开暮合，开合皆于谷中，香甚，有至七开七合者。

⊛香发

玄宗尝宴诸王于木兰殿，时木兰花发，圣情不悦。妃醉中舞霓裳羽衣一曲，上始悦。

⊛香满

黄龙寺晦唐老子尝问黄山谷以『吾无隐乎尔』之义，黄诠释再三，晦堂不答。时暑退凉生，秋香满院，晦堂因问曰：『闻木樨香乎？』黄曰：『闻。』晦堂曰：『吾无隐乎尔。』

香髴

南越女子茉莉花开，以彩丝穿花心，以为首饰。

香远

唐梅仙祖师学道于白云山，笃戒行。夏月偶坐化于梅树下，数里间闻梅花香，经旬不息，远近异之。

香落

《坡诗注》：『昔有梵王从天竺鹫岭飞来，八月十五尝有桂子落，故白乐天诗：「天香桂子落纷纷。」』

花光

唐元稹为翰林承旨，退朝，行廊下，初日映九英梅，隙光射稹，有气勃勃然，百僚望之，曰：『岂肠胃文章，映日可见乎？』

花神

谢长裾见凤仙花，谓侍儿曰：『吾爱其名也。』因命进叶公金膏，以麈尾梢染膏洒之。折一枝，插倒影三山环侧。明年此花金色不去，至今有班点，大小不同，若洒者，名倒影花。

花影

或谓张子野曰：『人皆谓公张三中，即心中事、眼中泪、意中人也。』公曰：『何不目之为张三影？』客不晓，公曰：『「云破月来花弄影」，「娇柔懒起，帘压卷花影」，「柳径无人，坠飞絮无影」，此予平生所得意。』《高斋诗话》：『子野有诗云「浮萍断处见山影」，又长短句云「云破月来花弄影」，又云『隔墙送过秋千影』，并脍炙人口，世谓张三影。』按，《苕溪渔隐》云：『细味二说，当以前载三影为胜。』

花声

澹云子寓龙湫山寺，后有台，登之，时见万松拥护，客有以松声为问者曰：『子所见万翠飞来，色也，风吼远近，声也，皆松叶为之。至于松有花，缤纷馥郁，既擅其美，亦有声乎？』王子答曰：『古有听雪者，谓「声在空中摩击间，则松花有声」，可知矣。然诸花皆有声。元稹《连昌宫辞》云「又有墙头千叶桃，风动落花红簌簌」，此亦花声也。又诗味《春晓》者曰「夜来风雨声，花落知多少」，此风声雨声杂于花声者也。又《杂剧》云「卖花何处声，隔林啼鸟如相问」，此又人声、鸟声与花声相杂者也。盖万物之声，窍于空虚，成于摩击，留于飞堕。故以为无声，则万形皆幻，既已有形，则万声皆实，而何疑于松花乎？』遂为《花声说》。

◉无待坊释义

本坊最敬礼名贤，客至，求为标识而不可得，请于先生，先生曰：『予有十无待，尝以颜吾庐联曰：逝矣流光，萧然环堵，即以命名，亦无不可。本坊意遂决。其释义具后。

无待一：好书。可供闲玩精择，当世谁为郑玄。

无待二：好花。繁华过眼，无异隙驹。

无待三：好客。谭论靡所不精，见解靡所不确。

无待四：好景。一年好景君须记，最是橙黄橘绿时。

无待五：好酒。或高雅，或佳丽，相与沉酣潦倒。

无待六：好荫庇。父母俱存，兄弟无故，何减南面百城。

无待七：好精神。衰老相逼，完固时最宜爱惜。

无待八：好光阴。最不可使白日无事消磨。

无待九：好年岁。风雨调顺，五谷丰登。

无待十：好太平时。试有龙虎纷争，岂容鸳鸯隐睡。

丁巳年仲冬识

第二十七卷

花之器

槜李　仲遵　王路　纂修

工欲善其事，必先利其器，器备则伺花之不忙也，故补之。

❀花针

用以刺虫，将针去尾，钉入竹筋头上用之。

❀木杓

用以兜水，灌花四傍，则不损花叶并根。

❀花剪

用以剪缚棕索麻线等，比常剪刀小些。

棕丝

用以缚花吊梗，可买肥粗者收用，麻皮亦可。

蚌壳

大小用以搬泥，备三五个。

竹剪

用以剪竹仗，高过花者，其式似桑剪。

竹刷

用以扫去缸边水积起泥。

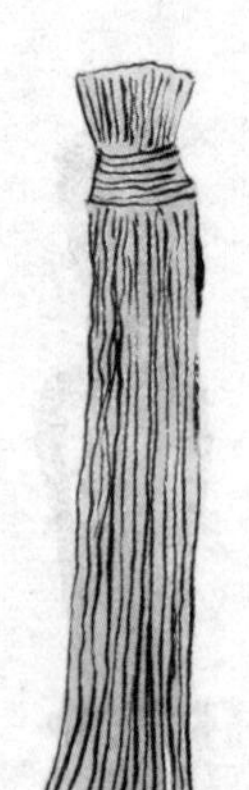

铁钩

用以取根下蚕虫，如式制一二件。

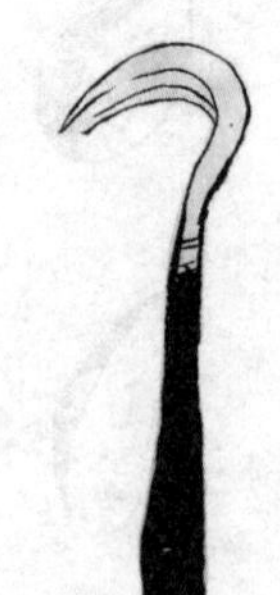

铁锹

用以移掘花根，去草扰根傍。长一尺许，阔一寸，以木为柄。

竹锹

用以锹泥开，用钩取根下蚕虫之类。

作刀

用以削竹棍尖头去节，以便插入土内。

竹棍

用以扶花，可买细箭竹，去枝叶方可为之。

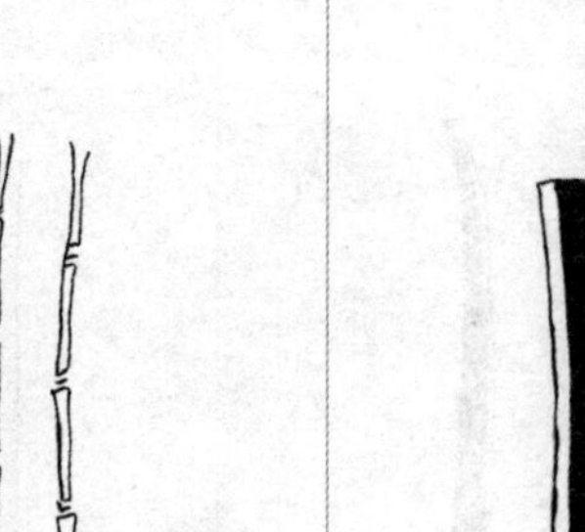

种刀

用以起根分苗，如常式一二把。

劈梗刀

用以接菊，并蛀梗孔深者，以刀尖划开取虫。长五六寸，阔五分，锋利为妙。

铜丝 细、**铁线** 肥

用以刺蛀虫，将铁线烧软敲扁，头上开一丫口，以便随弯入孔取虫。

铜镊

用以镊蕊，此物全在做得妙，方可用其镊蕊，去繁脑。以之代指甲，庶免伤花损根之患。

水杓 粪杓亦类此

用以浇水，每水缸中用此一杓，有则以锡为之。大容一大碗水，柄长三二尺，以便就根沃之，不致伤叶。

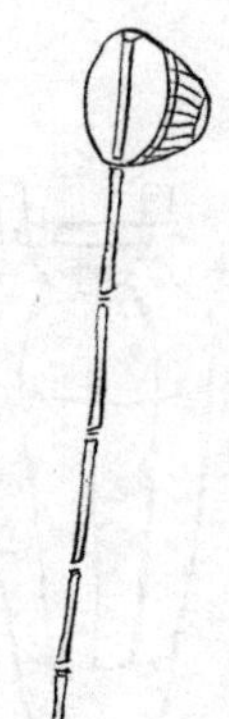

⊛水桶

水桶二只，用以挑水。

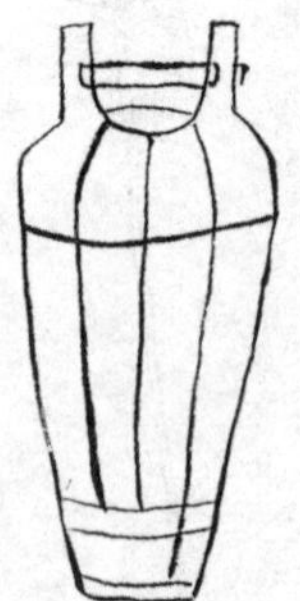

⊛软棕刷子

用以刷去头上莠虫，甚便。不可用刀截棕头，就用原棕软头作刷，如式。

⊛细土筛、粗土筛

用以筛泥。

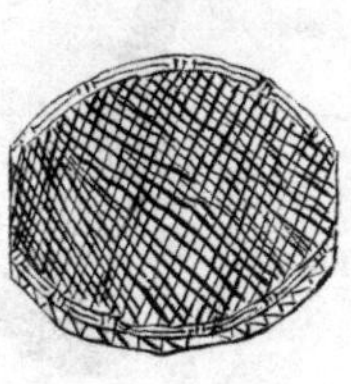

⊛积粪缸 上用石板盖之，再用土掩

样式出之自然，但取大者为最，以冬日埋于淫地之下，搬粪入内，上再用土盖之。到来年五六月间，粪皆化于黄水，取出和水浇花，即欲瘁者，亦能复活，其名号曰『金汁』。

⊛瓦箍盆

近用瓦为盆，以其易为措办，且可多作不费，又便泄水，干湿常然，不致留泞，吴中多为之。箍此盆当用旧时大瓦为之，不燥又能养根，凡四片三片，即箍一盆。

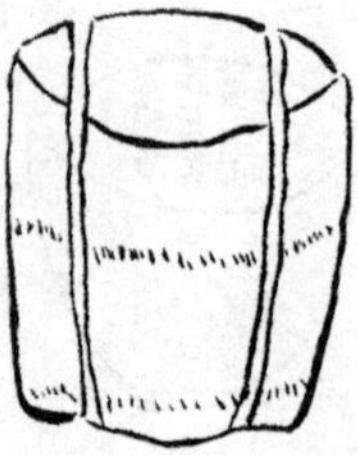

⊛喷壶

用以注水喷花，以锡为之，上提手以灌，下靶装柄，灌花之高者。

◉附录 江苏巡抚采进本

明王路撰。路，字仲遵，嘉兴人。此书皆载花之品目故实，分类编辑。属辞隶事，多涉佻纤，不出明季小品之习。《浙江通志》载：『王路，《花史》二十四卷，有天启元年李日华序。』今此本二十七卷，无日华序，而前有陈继儒序与路所作小引，皆称二十四卷。又，此本二十五卷《花之友》、二十七卷《花之器》皆题『潭云宣猷驭云子补』，二十六卷《花麈》题『百花主人辑』，则路书本二十四卷，此三卷乃后人所补入，而刊书者并为一目耳。又，路小序称此书为『左编』，别有『右编』，为《花之辞翰》，约一十二卷，盖有其名而未成书也。

图书在版编目（CIP）数据

花史左编 /（明）王路纂修 ；李斌校点. -- 南京 ：江苏凤凰文艺出版社，2018.4
ISBN 978-7-5594-1605-6

Ⅰ. ①花… Ⅱ. ①王… ②李… Ⅲ. ①花卉－观赏园艺－研究 Ⅳ. ①S68

中国版本图书馆CIP数据核字(2018)第028862号

书名	花史左编
纂修	[明] 王 路
校点	李 斌
责任编辑	聂 斌
特约编辑	马婉兰
项目策划	凤凰空间/马婉兰
出版发行	江苏凤凰文艺出版社
出版社地址	南京市中央路165号，邮编：210009
出版社网址	http://www.jswenyi.com
印刷	山东临沂新华印刷物流集团有限责任公司
开本	889毫米×1194毫米 1/32
印张	18.25
字数	292千字
版次	2018年4月第1版 2023年3月第2次印刷
标准书号	ISBN 978-7-5594-1605-6
定价	68.00元